创意裱花
魔法翻糖

北京市蓝山西点学校 主编

中国人口出版社
China Population Publishing House
全国百佳出版单位

图书在版编目(CIP)数据

创意裱花+魔法翻糖 / 北京市蓝山西点学校主编. --
北京：中国人口出版社, 2017.3
ISBN 978-7-5101-4887-3

Ⅰ. ①创… Ⅱ. ①北… Ⅲ. ①蛋糕－糕点加工 Ⅳ.
①TS213.2

中国版本图书馆CIP数据核字（2016）第292554号

创意裱花+魔法翻糖
北京市蓝山西点学校　主编

出 版 发 行	中国人口出版社
印　　　刷	北京市梨园彩印厂
开　　　本	787毫米×1092毫米　1/16
印　　　张	12
字　　　数	250千
版　　　次	2017年3月第1版
印　　　次	2017年3月第1次印刷
书　　　号	ISBN 978-7-5101-4887-3
定　　　价	19.90元

出 版 人	邱立
网　　址	www.rkcbs.net
电 子 信 箱	rkcbs@126.com
总编室电话	（010）83519392
发行部电话	（010）83534662
传　　真	（010）83519401
地　　址	北京市西城区广安门南街80号中加大厦
邮　　编	100054

自序

乐活

呱呱坠地的那一刻，我们带着鲜活的生命和对世界的好奇而来，生活里却无章地增添了"压力"、"支撑"、"拼命"等有压迫感的词汇。

其实，每个人的历程都是相近的！人生应该有"悦己"的生活状态。自己有趣，周遭风和日丽；自己无趣，生活风声鹤唳！从20岁走入30岁，接着走入40岁，我们可以忙碌，但也要停下来静静思考；我们可以不安于现状自我满足，但也要随时给生命增添色彩，不让她因此而变得灰暗、疲惫。

从某种程度上讲，我们有了乐活的心态，还需要拥有乐活的技能。互联网信息时代，我们知道得太多，践行得太少，如刚刚经历"压力山大"的一天，你已经为此绞尽脑汁，那就无需再苦苦思考、抓耳挠腮，此时不妨和好友或爱的人一起下厨房，做些许甜点，憋在心中的不畅或许就会消散。当然你也可以去健身、去做瑜伽、把琴话心、述心事于笔端……总之，学会善待自己，提升生命品质！

我是美食的追随者，也经常通过美食解压。因为我始终相信，世界上解决情绪的味道一定能帮你调节心绪，而生活本身是味道的集合。生活中不仅有成功的味道，还有酸楚的味道、爱的味道、思念的味道、希望的味道、甜蜜的味道、吸引的味道、思路突如泉涌的味道、马上精神百倍的味道、赋予能量的味道。

因为西点，我经常用吃的概念触笔。张爱玲先生曾说过国人好吃，我觉得"好吃"是值得骄傲的，因为这是一种最基本的生活艺术。试想一下，捧一杯香茗，备一盘甜点、摆几块蛋糕，和最想在一起的人享受一下闲暇时光，是何等的惬意！给家人做点健康的美食，陪伴左右，是何等的温馨！帮同事朋友准备一个精致 party 摆台、还礼蛋糕，是何等的用心和让人羡慕！

幸福是一种感受，乐活是一种态度，让我们多点技能，快乐生活！读者朋友们，愿我们的这本书能把甜蜜的技能传递给您，陪伴着亲爱的你们，温馨舒适地生活！

杨清

目录
Contents

说明：本书中出现的二维码链接内容是瑞雅提供的免费增值服务，瑞雅不保证链接内容永久存在，敬请谅解。

第三章　精致韩式裱花

第四章 萌宠动物裱花

第五章 创意水果裱花蛋糕

【第一章】

蛋糕裱花
从零开始

蛋糕裱花是一种技术，更像是一种魔术，
简单、丰富、充满变化。让我们用自己的想象
力和技艺，一起勾勒不可思议的裱花作品吧。

蛋糕裱花常用工具

很多新手们一想到蛋糕裱花，就会茫茫然起来，不知所措，其实大可不必。初步了解裱花的常用工具，是我们学习裱花的第一步。

 **裱花转盘** 制作"奶油蛋糕"裱花时的专用工具，材质多为不锈钢。转动起来灵活、平稳，重心稳定。

 **金丝扣** 常与裱花袋同时使用，用来绑紧裱花袋的袋口，防止材料从裱花袋尾部流出。

 **米托** 主要配合裱花棒使用，在合适型号的米托上粘上奶油将其套在裱花棒上使用。

 **刮片** 将奶油刮成自己想要的形状，是蛋糕制作的必备工具。

 **尖头剪刀** 用以在裱花袋尖端用剪子剪开合适大小的小口。

 **网筛** 用来过筛面粉内的大颗粒和各种杂质或用来过滤液体原材料。

 **裱花嘴** 用于定型奶油形状的工具，装入圆锥形裱花袋使用，有很多种形状。

 **奶油机** 用于材料搅拌或打发奶油。

 **抹刀** 多为加厚不锈钢刀身，型号不同，是制作蛋糕的专用工具，用来把奶油抹在蛋糕胚上，抹平，再进行裱花。

裱花棒 可以配合米托使用。直接在花托上裱出自己喜欢的花型，裱好后从裱花棒上取下花托放在蛋糕上就可以了。裱花托的尖头端比较适合裱玫瑰花，米托圆端处适合裱百合花等。

裱花袋 可单独使用，也可以搭配裱花嘴使用。用以挤制奶油花纹。

蛋糕裱花常用原材料

"巧妇难为无米之炊"，了解完裱花入门的必备工具后，再来了解下蛋糕裱花常用的原材料，我们就可以正式进军裱花大业了。

巧克力浓缩酱
（巧克力线膏）

镜面果胶

抹茶粉

可可粉

巧克力

色素

喷粉

原材料合集

3

裱花袋的使用方法

　　裱花袋有不同的尺寸，可单独使用，也可搭配裱花嘴使用。搭配上形色各异的裱花嘴后，不仅使用起来更方便，而且能够挤出不同形状的花纹，使制作出的西点成品更美观。

使用方法 1：单独使用

1. 准备好所需裱花袋（图①）。
2. 用橡皮刮刀直接把裱花材料装进裱花袋中（图②）。

使用方法 2：搭配裱花嘴使用

1. 根据成品所需，在裱花袋尖端用剪子剪开一个直径约为 1 厘米的小口，或剪开一个更小的口，配合各种形状的裱花嘴使用（图③～图⑤）。
2. 选择合适的裱花嘴，对照裱花嘴，将裱花袋的尖端剪掉，开口的直径与裱花嘴直径保持一致（图⑥）。
3. 将裱花嘴折过来，并用橡皮筋固定，方便挤制裱花材料（图⑦、图⑧）。
4. 用橡皮刮刀将裱花材料装进裱花袋，用手拧紧后，松开橡皮筋即可使用（图⑨～图⑪）。

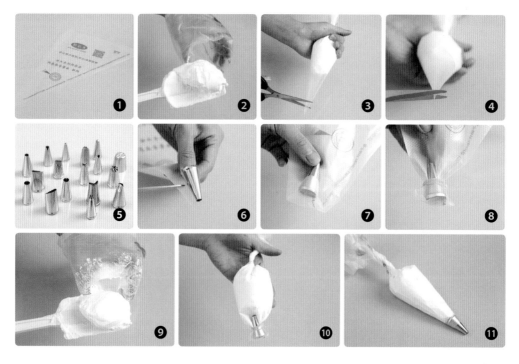

奶油的打发

　　奶油的打发程度与成品口感密切相关。作为新手，很容易将奶油打发不足或者打发过了，下文是打发奶油的小技巧，可方便新手恰到好处地打发奶油。

制作过程

1. 从冰箱取出奶油，缓缓倒入玻璃盆中（图①～图③）。

2. 用手动打蛋器轻轻搅拌 1 分钟，使奶油混合均匀，如果有冰也可以融化冰碴（图④）。

3. 继续用手动打蛋器搅拌至湿性发泡，将搅拌头轻蘸两下奶油，快速垂直提起，水平放置，奶油呈现"软鸡尾巴"形状。此时奶油光滑细腻，适合制作动物、人物和部分花卉等（图⑤）。

4. 继续中速打发，会得到中性发泡的奶油，将搅拌头轻蘸两下奶油，快速垂直提起，水平放置，奶油呈现"鸡尾巴"形状。此时奶油比较光滑，有较好的支撑性，适合做花卉、抹坯子（图⑥）。

5. 继续中速打发，会得到干性发泡的奶油，将搅拌头轻蘸两下奶油，快速垂直提起，水平放置，奶油呈现尖峰形状。此时的奶油支撑力好，塑形性好，适合做复杂陶艺等（图⑦）。

6. 将奶油打发到所需程度后，调至慢速，消除奶油中不稳定的大气泡即可（图⑧）。

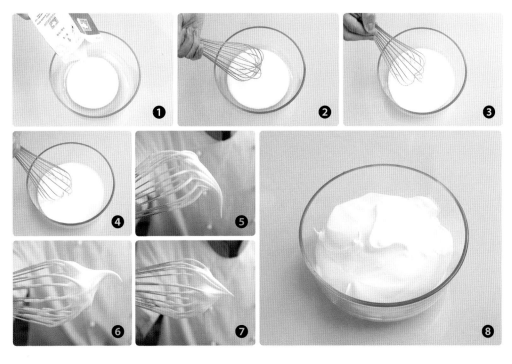

抹面技法

圆面的制作

1. 取一个弧角的蛋糕坯子模具置于转台正中央。

2. 取适量奶油置于坯子顶部（图①）。

3. 抹刀刀面翻开 45°，刀的角度随奶油变化而变化，上下拍打至奶油分布均匀，光滑无大气泡（图②）。

4. 抹刀刀面翻开 45°，刀的角度随奶油变化而变化，由下至上将奶油抹光滑，形状类似蒙古包（图③~图⑤）。

5. 抹刀刀面翻开 30°，刀的角度保持水平，刀尖对准圆心，均匀用力地将奶油向下压至奶油边缘超出坯子约 1.5 厘米（图⑥~图⑧）。

6. 刀的角度为 30°，抹刀刀面翻开 30°，在距离奶油边缘处约 1 厘米处，将奶油沿着坯子向下推，同时刀从此处到底部过程中，角度由 30° 逐渐变成 90°（图⑨~⑪）。

7. 保持抹刀状态，持续抹，将奶油抹高（图⑫、图⑬）。

8. 将刀慢慢向上提，把奶油沿着坯子收上来，同时刀在从底部到顶部中心的过程中，角度由 90° 逐渐变成 30°，刀面翻起，将多余奶油去掉（图⑭~图⑯）。

9. 四指张开，与拇指配合将刮片弯曲，一角对准圆心，以 45° 角轻贴奶油面，转动转台将其刮平（图⑰~图⑳）。

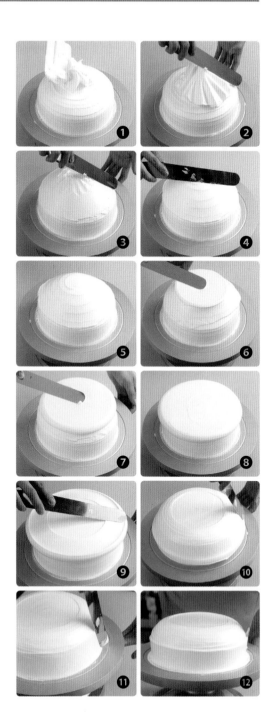

10. 刮片绷紧，并向右侧微微翻开，转动转台，用一个角将底部奶油与转台分开（图㉑、图㉒）。

11. 刮片保持状态，慢慢向外移动，将奶油带到转台边缘（图㉓）。

12. 刮片翻面，转动转台，在右侧将奶油收掉即成，成品如图所示（图㉔）。

直面的制作

1. 取一个弧角的蛋糕坯子模具置于转台的正中央（图㉕）。

2. 取适量奶油置于坯子顶部（图㉖）。

3. 抹刀刀面翻开 45°，刀的角度随奶油变化而变化，上下拍打至奶油分布均匀，光滑无大气泡（图㉗）。

4. 抹刀刀面翻开 45°，刀的角度随奶油变化而变化，由下至上将奶油抹光滑，形状类似蒙古包（图㉘、图㉙）。

5. 抹刀刀面翻开 30°，刀的角度保持水平，刀尖对准圆心，均匀用力地将奶油向下压至奶油边缘超出坯子约 1.5 厘米（图㉚~图㉜）。

6. 刀的角度为 30°，抹刀刀面翻开 30°，在距离奶油边缘处约 1 厘米处，将奶油沿着坯子向下推，同时刀从此处到底部过程中，角度由 30° 逐渐变成 90°（图㉝~图㉞）。

7. 保持抹刀状态，持续抹，将奶油抹高（图㉟~图㊲）。

8. 抹刀由外向内将顶面收平，将底边用抹刀切开并带出来（图㊳~图㊷）。

9. 将底边多余奶油收掉即成，成品如图所示（图㊸、图㊹）。

基础直面淋面

挂淋

1. 取一抹好的直面，如图所示（图㊺）。

2. 将转盘转起，果酱袋口由中心点沿直线匀速向外移动，使果酱均匀覆盖至边缘 0.5 厘米，并用抹刀轻轻抹平（图㊻ ~ 图㊽）。

3. 在边缘处挤果酱，使其自然流下（图㊾、图㊿）。

4. 成品如图所示（图(51)）。

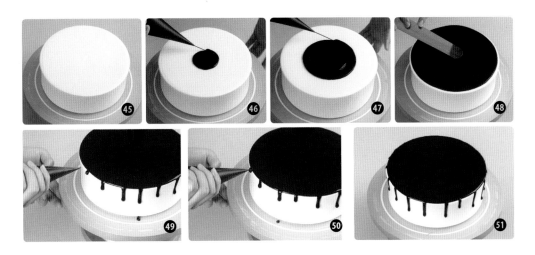

全淋

1. 取一抹好的直面，如图所示（图㉒）。

2. 将转盘转起，果酱袋口由中心点沿直线匀速向外移动，使果酱均匀覆盖至边缘 0.5 厘米，并用抹刀轻轻抹平（图㉓～图㉖）。

3. 转盘转起在边缘处挤果酱，使其自然流下，均匀覆盖于侧面（图㉗～图㉙）。

4. 用刮片将底部多余果酱刮出，收起（图㉚、图㉛）。

5. 成品如图所示（图㉜）。

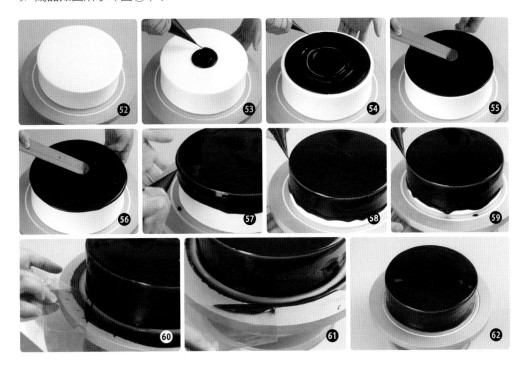

基础圆面淋面

挂淋

1. 取一抹好的圆面，如图所示（图⑥³）。

2. 将转盘缓缓转起，使果酱袋口由中心点沿直线匀速向外移动，使果酱均匀地覆盖至顶部边缘，并用刮片轻轻抹平（图⑥⁴~图⑥⁷）。

3. 在边缘处挤上果酱，使其自然流下（图⑥⁸）。

4. 成品如图所示（图⑥⁹）。

全淋

1. 取一抹好的圆面，如图所示（图⑦⁰）。

2. 将转盘转起，果酱袋口由中心点沿直线匀速向外移动，使果酱均匀覆盖整个圆面，并用刮片轻轻刮平（图⑦¹~图⑦⁴）。

3. 用刮片将底部多余果酱刮出，收起（图⑦⁵、图⑦⁶）。

4. 成品如图所示（图⑦⁷）。

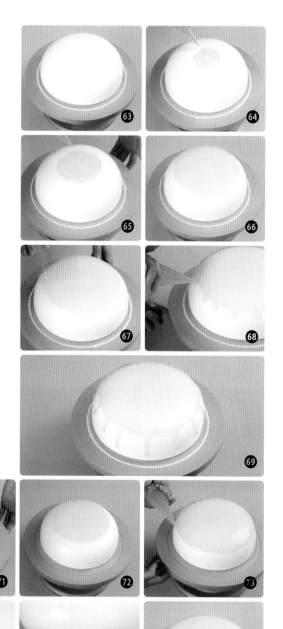

蛋糕坯的制作

材料

蛋黄部分

牛奶	40 克
橙汁	20 克
色拉油	32 克
白砂糖	20 克
蛋糕粉	64 克
淀粉	16 克
蛋黄	60 克

蛋清部分

蛋清	140 克
柠檬汁	10 克
白砂糖	36 克
食盐	1 克

制作过程

1. 准备好所有食材（图①）。

2. 分离蛋黄和蛋清，四指微微张开将蛋黄捞出，确保手上无水无油（图②、图③）。

3. 将牛奶、橙汁、色拉油、白砂糖称好，倒入一个较大的器皿中（图④~图⑦）。

4. 用手动搅拌器搅拌均匀，并持续搅拌至白砂糖完全融化。

5. 将称量好并过筛的蛋糕粉和淀粉加入牛奶橙汁中，搅拌至没有干粉颗粒（图⑧ ~ 图⑫）。

6. 继续加入蛋黄，搅拌至光滑、细腻的状态，放置一旁备用（图⑬ ~ 图⑮）。

7. 蛋清中加入柠檬汁、食盐，白砂糖分三次加入，打发至软鸡尾状（图⑯ ~ 图㉑）。此时，可事先预热烤箱，上火 180℃，下火 160℃，约 10 分钟。

8. 取约 1/3 蛋白部分与蛋黄部分混合均匀（图㉒、图㉓）。

9. 将剩余所有蛋白部分加入其中混合均匀，即成蛋糕糊（图㉔、图㉕）。

10. 将蛋糕糊注入蛋糕模具（图㉖、图㉗）。

11. 轻振模具后放入事先预热好的烤箱中，上火 180℃，下火 160℃，烘烤 30 分钟左右。倒扣在冷凉网上至凉取出，如图所示（图㉘ ~ 图㉚）。

【第二章】

绚丽
花卉蛋糕

甜蜜、浪漫的花卉蛋糕，是一场视觉的
盛宴。用食材和心意做成的绚丽花卉，漂亮
得让你不忍心下口。

花卉蛋糕的调色装饰

花卉蛋糕的彩色装饰，关系着蛋糕的整体美观。其中，花瓣的调色显得尤为重要。下面就为大家介绍一下花卉蛋糕的调色装饰。

调三原色：红、黄、蓝

红色

1. 在白色奶油中滴入红色色素。

2. 用橡皮刮刀将红色色素与白色奶油混合均匀，即成红色。

黄色

1. 在白色奶油中滴入黄色色素。

2. 用橡皮刮刀将黄色色素与白色奶油混合均匀，即成黄色。

蓝色

1. 在白色奶油中滴入蓝色色素。

2. 用橡皮刮刀将蓝色色素与白色奶油混合均匀，即成蓝色。

红色 + 黄色 = 橙色

1. 将红、黄色奶油或者红、黄色色素与白色奶油，放置在同一个容器中。

2. 用橡皮刮刀将其混合均匀，如上图所示，即成橙色。

蓝色 + 黄色 = 绿色

1. 将蓝、黄色奶油或者蓝、黄色色素与白色奶油，放置在同一个容器中。

2. 用橡皮刮刀将其混合均匀，如上图所示，即成绿色。

红色 + 蓝色 = 紫色

1. 将红、蓝色奶油或者红、蓝色色素与白色奶油，放置在同一个容器中。

2. 用橡皮刮刀将其混合均匀，如上图所示，即成紫色。

边缘夹色

白色夹彩色

1. 准备好彩色奶油和白色奶油。先将裱花袋口翻开抻平，在装有裱花嘴的裱花袋中均匀笔直得挤制出适量的彩色奶油（图①～图③）。

2. 将白色奶油填充在裱花袋的另外一侧，尽量不要破坏彩色奶油（图④）。

3. 使白色奶油与彩色奶油接触，固定住彩色奶油的形状（图⑤、图⑥）。

4 挤出的效果如图所示（图⑦、图⑧）。

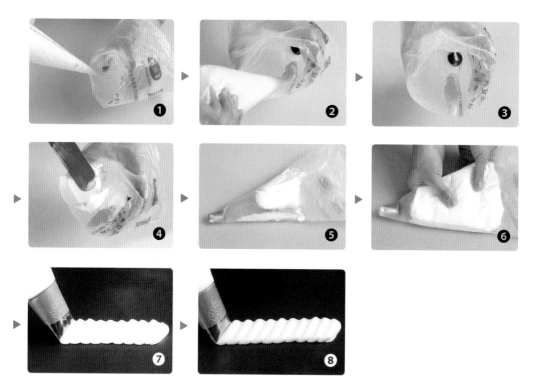

彩色夹白色

1. 准备好彩色奶油和白色奶油。将裱花袋口翻开抻平，在装有裱花嘴的裱花袋中均匀笔直地挤制出适量的白色奶油（图⑨、图⑩）。

2. 将彩色奶油填充在裱花袋的另外一侧，尽量不要破坏白色奶油（图⑪、图⑫）。

3. 将裱花袋恢复至如图（图⑬）。

4. 使彩色奶油与白色奶油接触，固定住白色奶油的形状（图⑭）。

5. 挤出的效果如图所示（图⑮、图⑯）。

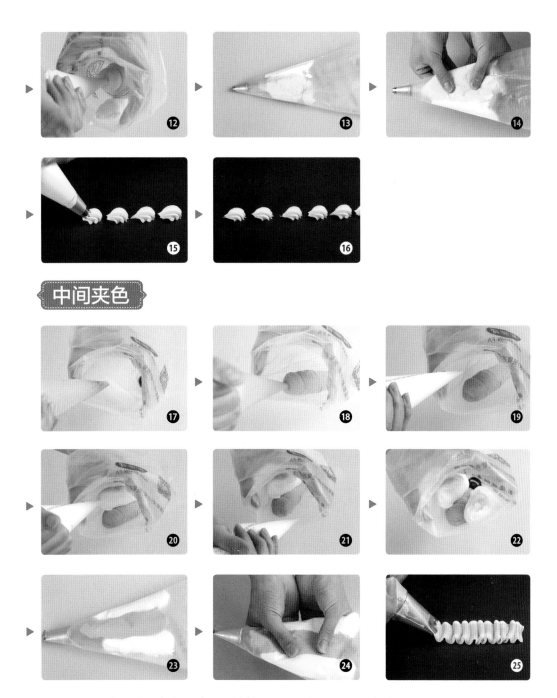

中间夹色

1. 准备好彩色奶油和白色奶油。将裱花袋口翻开抻平，在装有裱花嘴的裱花袋中均匀笔直地挤制出彩色奶油（图⑰、图⑱）。

2. 将白色奶油填充在彩色奶油左右两侧，尽量不要破坏彩色奶油（图⑲～图㉒）。

3. 使彩色奶油与白色奶油接触，固定住彩色奶油的形状，如图所示（图㉓～图㉕）。

花边基础

　　裱型是将奶油等材料装入裱花袋中，用手挤压，使材料从裱花嘴中被挤出，形成不同形状图案的过程，是一项具有技术含量的艺术。要想做出好看的裱花蛋糕，可以从花边基础开始，了解花嘴的形状、大小及样式，是裱花的必学基础。

　　裱花嘴有很多形状与型号。使用时，大家可根据自己的蛋糕类型、尺寸，选择合适的花嘴，制作出漂亮的花边。

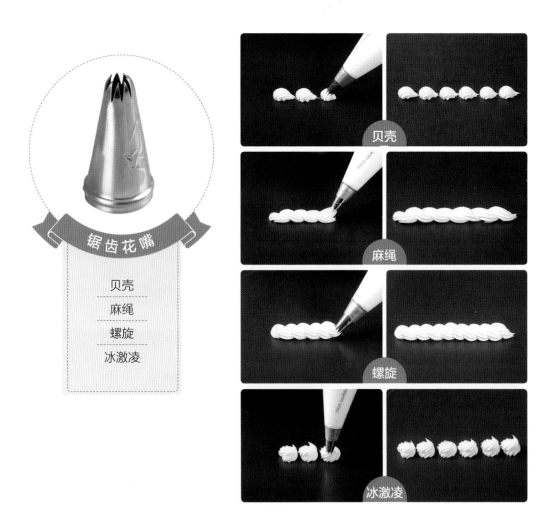

锯齿花嘴

贝壳

麻绳

螺旋

冰激凌

贝壳

麻绳

螺旋

冰激凌

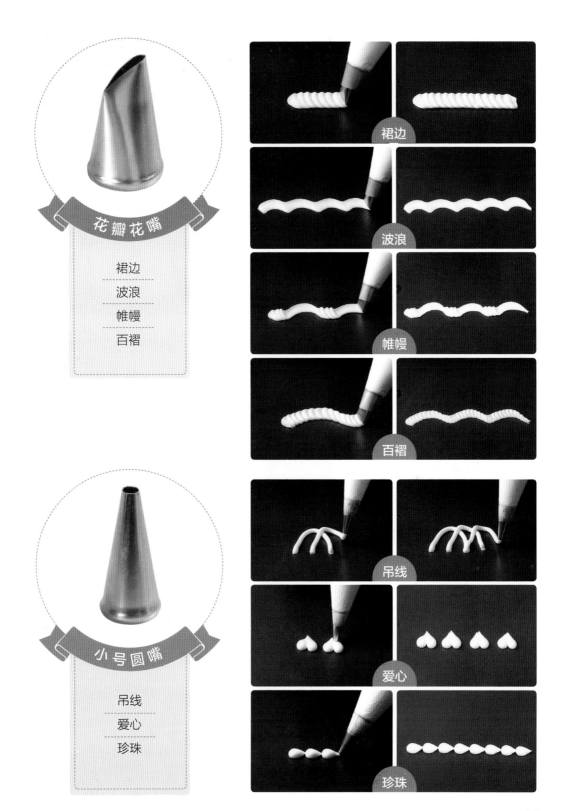

花瓣花嘴

裙边
波浪
帷幔
百褶

裙边

波浪

帷幔

百褶

小号圆嘴

吊线
爱心
珍珠

吊线

爱心

珍珠

扁齿花嘴

花篮

逗点

帷帐

缺口花嘴

饺子

曲线

叶子嘴

蕾丝边

叶子

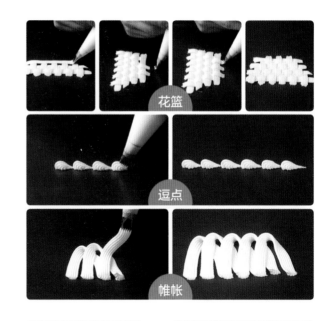

花篮

逗点

帷帐

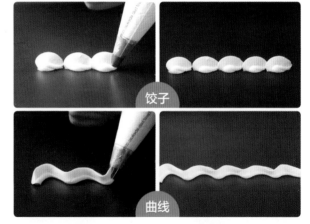

饺子

曲线

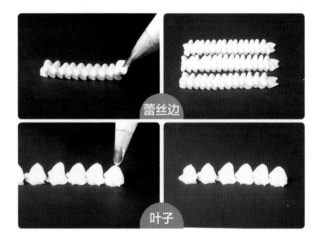

蕾丝边

叶子

花边组合

熟练掌握了花边基础后，便可以制作出不同形状的花边组合。把裱花袋当做画笔，借着我们的想象力，在蛋糕上绘画出美丽的花边组合吧。

花边组合 1

1. 取一直面，用锯齿嘴在底部制作一圈冰激凌卷（图①～图④）。
2. 用花瓣花嘴在侧面制作上波浪边（图⑤～图⑦）。
3. 用锯齿花嘴在波浪边上制作云朵型花边（图⑧、图⑨）。
4. 用花瓣花嘴在顶部边缘制作百褶边（图⑩）。
5. 成品如图所示（图⑪、图⑫）。

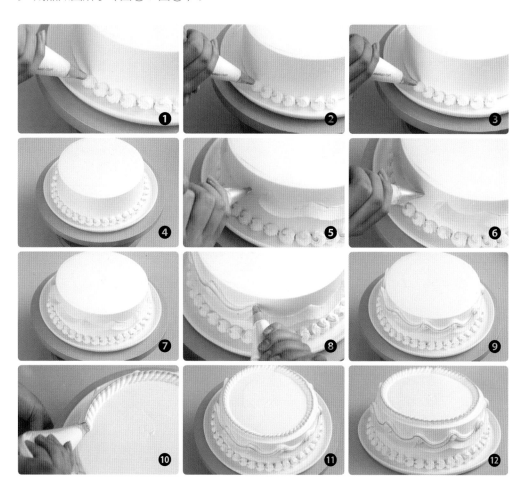

花边组合 2

1. 取一直面，在底端用锯齿花嘴做贝壳花边（图⑬、图⑭）。

2. 在侧面上方用花瓣花嘴制作帷幔边（图⑮、图⑯）。

3. 用扁齿花嘴在顶部平面制作花篮，用锯齿花嘴绕上边缘和提手，并制作蝴蝶结装点（图⑰～图⑲）。

4. 成品如图所示（图⑳）。

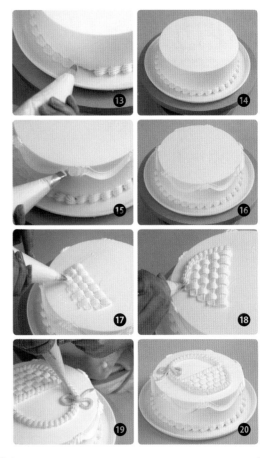

花边组合 3

1. 用扁齿花嘴在侧面编出栅栏（图㉑～图㉓）。

2. 用缺口花嘴在顶部边缘制作饺子边（图㉔、图㉕）。

3. 成品如图所示（图㉖）。

花边组合 4

1. 取一直面，用锯齿花嘴在底部制作螺旋边（图㉗～图㉙）。

2. 用小号圆嘴在直角处制作吊线（图㉚、图㉛）。

3. 在吊线连接处制作桃心（图㉜）。

4. 成品如图所示（图㉝、图㉞）。

花边组合 5

1. 取一直面，在底部边缘用小号圆嘴制作珍珠边（图㉟、图㊱）。

2. 在侧面用花瓣花嘴制作百褶边（图㊲）。

3. 用锯齿花嘴在百褶边上制作贝壳花边（图㊳）。

4. 在顶部边缘用锯齿花嘴制作麻绳（图㊴～图㊶）。

5. 成品如图所示（图㊷、图㊸）。

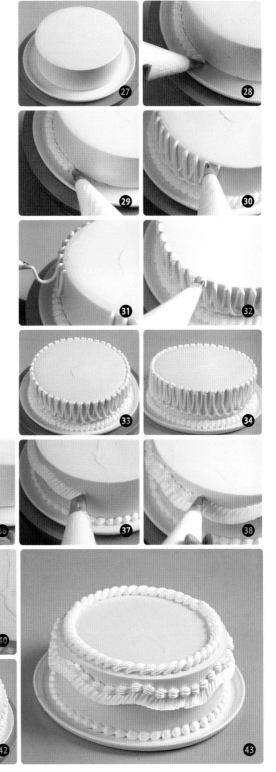

精美花卉蛋糕款式集锦

玫瑰花

蛋糕成品示意图
可根据自己的喜好随意配色

花卉花语 爱情通用语言

花卉特征 花瓣少于 13 瓣，包芯

花卉手法 绕——以直拉方式做画弧的动作，使奶油层叠呈花朵状

花卉成品表达 玫瑰象征爱情和真挚纯洁的爱，人们多把它作为爱情的信物，是情人间首选花卉

制作过程

1. 准备好所需工具：裱花棒、米托、中号花瓣花嘴（图①）。

2. 在裱花棒顶端沾上奶油，将其套在米托上（图②、图③）。

3. 先用花嘴在米托的顶部直绕一圈，用奶油包好花蕊。

4. 将花嘴向内倾斜45°，在米托的一半处起步，由下向上再向下，直绕挤出第一层第1片的花瓣弧形，将花蕊的一半包住（图④）。

5. 继续制作第一层第2片的花瓣。将花嘴放在第1片花瓣的一半处，由下向上再向下，直绕挤出花瓣，第2片的花瓣比第1片花瓣略高（图⑤）。

6. 用同样的操作手法挤出第3片花瓣，第3片花瓣要比第2片花瓣略高。这3片花瓣作为玫瑰花的第一层（图⑥）。

7. 用制作第一层花瓣的操作手法制作第二层，三片为一层，第二层花瓣的整体高度要高于第一层（图⑦）。

8. 用相同的操作手法制作第三层花瓣，注意花嘴的角度要向外逐步打开，倾斜30°，整体高度低于第二层花瓣，3片为一层（图⑧）。

9. 最后制作完整的玫瑰花，整体花型饱满，花蕊紧凑，花瓣三至四层即可（图⑨）。

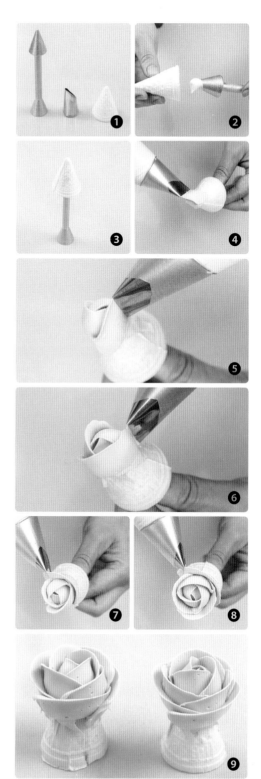

五瓣花

扫一扫，看视频

蛋糕成品示意图
可根据自己的喜好随意配色

(花卉花语) 青春的美，充满青春活力

(花卉特征) 花蕊呈"凹"字形、花瓣呈长扇形

(花卉手法) 抖绕——抖动花嘴做出弧形的轨迹

(花卉成品表达) 适合装饰送给朋友的生日蛋糕

26

制作过程

1. 准备好所需工具：裱花棒、米托、中号花瓣花嘴（图①）。

2. 用白色奶油和粉色奶油制作成边缘夹色：白色夹粉色（图②、图③）。

3. 在米托的尖端抹上奶油，放在花棒的圆端处，固定米托（图④、图⑤）。

4. 在米托的中间填充奶油，八分满即可，抹平，这样有利于挤花瓣（图⑥、图⑦）。

5. 将花嘴的薄头朝上，放在花托的中心处，角度垂直，左手转动花棒，右手一边挤奶油一边以上下小幅度抖出花瓣的纹路，注意花嘴先上挤再向下收，花瓣的起点和收口在同一个点，花瓣呈扇形（图⑧）。

6. 制作下一片花瓣时，花嘴的位置位于前一片花瓣的收尾处，花瓣的大小和第 1 片一致，注意收口处不挤奶油。每片花瓣的大小需一致，以保证花瓣的整体美观（图⑨~图⑪）。

7. 花瓣制作完成后，另取裱花袋，装入橙色奶油，在花瓣的中心处挤出圆球的花蕊即可（图⑫）。还可以在花蕊部分点缀花蕊，如同蛋糕示意图，会更美观一些。

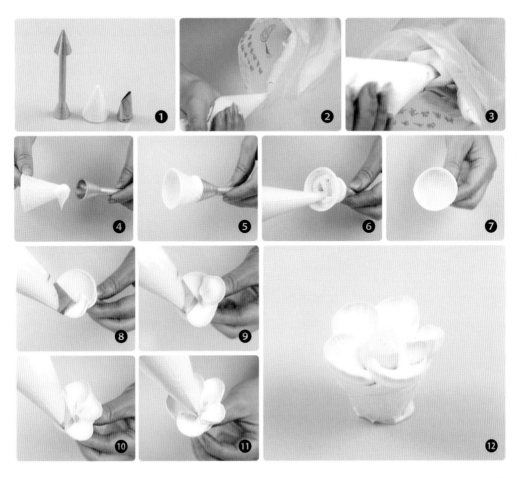

雏菊

蛋糕成品示意图
可根据自己的喜好随意配色

📎 花卉花语 朴实平和

📎 花卉特征 花瓣要小而窄

📎 花卉手法 推——花嘴的角度、位置保持不变，直接推出奶油

📎 花卉成品表达 适用于装饰生日蛋糕

制作过程

1. 准备好所需工具：裱花棒、米托、中号花瓣花嘴（图①）。

2. 在米托的尖端抹上奶油，放在花棒的圆端处，固定米托（图②、图③）。

3. 在米托的中间填充黄色奶油，抹平（图④）。

4. 将花嘴的薄头朝上，放在花托的中心处，角度垂直。操作时需将花嘴先向前推然后再向回收，挤出花瓣（图⑤）。

5. 制作下一片花瓣时，花嘴的位置位于前一片花瓣的收尾处。花瓣的大小应与前一片一致（图⑥）。

6. 依次挤出剩余的花瓣，挤成一圈即可。注意每个花瓣的大小需一致（图⑦、图⑧）。

7. 花瓣制作完成后，用粉色的喷粉在每个花瓣边喷出粉色。为保证美观，喷颜色时应保持渐变色，即从花瓣边开始，由深至浅（图⑨ ~ 图⑪）。

8. 最后用黄色的奶油在花瓣中心挤出花蕊（图⑫ ~ 图⑭）。也可以参照示意图中的造型。

康乃馨

扫一扫
看视频

蛋糕成品示意图
可根据自己的喜好随意配色

花卉花语　绵绵的母爱

花卉特征　多层多瓣

花卉手法　抖绕——抖动花嘴做出弧形的轨迹

花卉成品表达　适用于装饰送给母亲的节日蛋糕

制作过程

1. 准备好所需工具：裱花棒、米托、康乃馨花嘴（图①）。

2. 将裱花棒顶端沾上奶油，套在米托上（图②）。

3. 用康乃馨花嘴放在米托的顶端，花嘴与米托呈 90°，由下向上抖绕出第一层花瓣，第一层花瓣制作 4 ~ 5 片（图③、图④）。

4. 接下来制作第二层和第三层花瓣，其操作手法和第一层一样。注意第二层花瓣应比第一层略高，第三层花瓣应比第二层花瓣略高（图⑤、图⑥）。

5. 开始制作第四层花瓣时，要与第三层花瓣交错制作，花嘴角度略倾斜 45°，花瓣高度要低于前三层（图⑦、图⑧）。

6. 用制作第四层花瓣的方法制作出第五层花瓣，花瓣高度应低于第四层花瓣（图⑨、图⑩）。

7. 制作花瓣时，每层花瓣之间的空间缝隙不需要太密，操作手法都是由下向上抖绕出花瓣。如图所示，整朵花形要圆，花形不需要太大（图⑪、图⑫）。

大丽花

扫一扫，看视频

蛋糕成品示意图
可根据自己的喜好随意配色

花卉花语　大吉大利

花卉特征　多层多瓣

花卉手法　拔——将花瓣根部奶油挤厚点，花嘴直接向上提起

花卉成品表达　适用于装饰送给朋友的生日蛋糕

制作过程

1. 准备好所需工具：裱花棒、米托、叶子嘴（图①）。

2. 在裱花棒顶端沾上奶油，套在米托上（图②）。

3. 用橙色奶油和白色奶油制成边缘夹色：白色夹橙色（图③、图④）。

4. 用花嘴在米托的尖端向里包2～3层花瓣，作为花蕊（图⑤）。

5. 第二层花瓣的操作方法同第一层一样，花瓣要比第一层花瓣长，方向向里，花瓣与花瓣之间要紧凑，一瓣挨着一瓣（图⑥、图⑦）。

6. 第三层花瓣要垂直拔出，花嘴角度立起约30°，花瓣高度与第二层一致（图⑧、图⑨）。

7. 制作第四层花瓣时，要逐层交错拔出花瓣，角度比上一层花瓣要倾斜，花瓣长度逐渐变长（图⑩）。

8. 第五层花瓣的角度要比上一层花瓣倾斜,花瓣的根部要粗些,长度应与第四层一致(图⑪)。

9. 第六至第八层的花瓣要随着花瓣的角度变化而变化花嘴的角度，花嘴一直向外扩散倾斜，直到最后一层花嘴约为90°拔出（图⑫、图⑬）。也可以参照成品示意图的造型。

33

花卉花语 纯洁，神圣

花卉特征 一层六瓣

花卉手法 拔——将花瓣根部奶油挤厚点，花嘴直接向上提起

花卉成品表达 适用于装饰情人节蛋糕、婚礼蛋糕或者朋友的生日蛋糕

制作过程

1. 准备好所需工具：裱花棒、米托、叶子嘴（图①）。

2. 在米托圆端处的 1/4 处将其剪出 6 等分，以增加制作花瓣的空间（图②、图③）。

3. 在米托的尖端上涂点白色奶油，放进裱花棒中，将米托固定（图④、图⑤）。

4. 将花嘴贴着米托，在米托的里边，由下向上拔出第一个花瓣。注意花嘴要深入米托的底部，同时，也要注意花瓣有粗细的变化（图⑥）。

5. 制作第二个花瓣时要紧贴着第一个花瓣，以同样的操作手法拔出。注意花瓣边要窄，制作花瓣时收尾要快，这样花瓣边才能够出尖（图⑦）。

6. 用同样的操作手法制作剩下的 4 个花瓣。6 个花瓣的长度要保持一致（图⑧、图⑨）。

7. 取绿色喷粉，在花瓣的根部均匀上色（图⑩）。

8. 将黄色奶油装入裱花袋，剪成细裱，从花瓣根部的外围向内挤出花包，或拔出花蕊，如图所示，花蕊的长度要稍长些（图⑪～图⑭）。

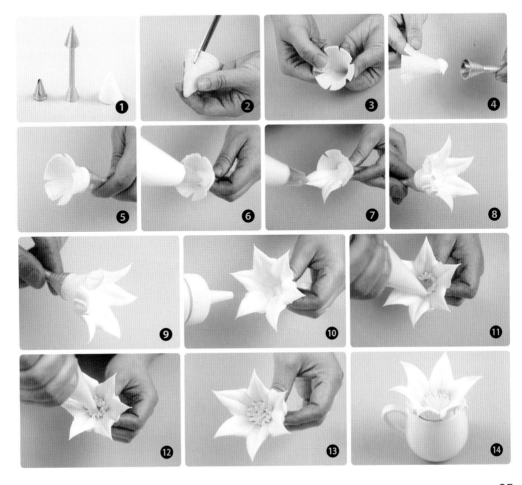

蛋糕成品示意图
可根据自己的喜好随意配色

🎀 花卉花语 阳光，健康

🎀 花卉特征 两层多瓣，圆花蕊

🎀 花卉手法 拔——将花瓣根部奶油挤厚点，花嘴直接向上提起

🎀 花卉成品表达 适用于装饰儿童节蛋糕或朋友的生日蛋糕

制作过程

1. 准备好所需工具：裱花棒、米托、叶子嘴（图①）。

2. 在米托的尖端涂上奶油，放进裱花棒中，将米托固定（图②）。

3. 用花嘴在米托圆端的外围挤两层底托。注意底托要高于米托，且倾斜角度要略大于米托，这样有利于增大花形的面积（图③～图⑤）。

4. 花嘴角度倾斜 30°，在米托的边缘由里向外拔花瓣，根部要粗一点，一瓣挨着一瓣。注意花瓣的长短需一致（图⑥～图⑧）。

5. 制作第二层花瓣时，花嘴角度倾斜 60°，在第一层花瓣的里面用同样的操作手法交错拔出第二层花瓣。注意第二层花瓣长度要比第一层略短（图⑨、图⑩）。

6. 将巧克力颜色的奶油装入裱花袋，用动物嘴填充米托的圆端处，充当花蕊。注意中间要隆起（图⑪）。

7. 将绿色奶油装入裱花袋，剪成细裱，在花蕊上均匀地点上小点即成，如图所示（图⑫～图⑭）。

马蹄莲

扫一扫，看视频

蛋糕成品示意图
可根据自己的喜好随意配色

花卉花语 吉祥如意，高雅，纯洁

花卉特征 一层一瓣

花卉手法 直拉——边挤奶油边做画弧的动作

花卉成品表达 适用于朋友庆祝的节日蛋糕

制作过程

1. 准备好所需工具：裱花棒、米托、"S"形花嘴（图①）。

2. 首先将米托的开口处剪成"V"字形，剪至 1/3 处即可（图②、图③）。

3. 将米托的尖端涂上白色奶油，放进裱花棒中，固定米托（图④、图⑤）。

4. 用花嘴在剪好的米托下方即凹槽处起步直绕出大瓣，花嘴角度要倾斜，中间要宽。注意在收尾的时候，不挤奶油（图⑥～图⑩）。

5. 取黄色奶油，装入裱花袋中，剪成细裱，在米托内挤出花蕊（图⑪）。

6. 取绿色喷粉，在花的根部喷上颜色即成。（图⑫～图⑭）。

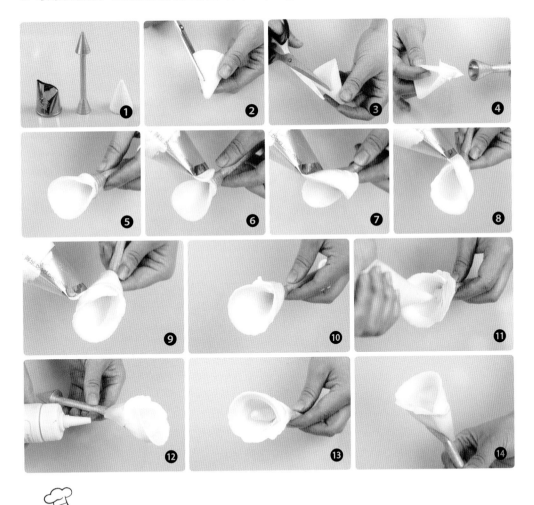

小贴士

　　用喷粉喷颜色时，颜色应保持渐变性，这样制作出的花瓣更亲切、自然。

扫一扫，看视频

蛋糕成品示意图

可根据自己的喜好随意配色

花卉花语 健康，长寿

花卉特征 花蕊呈"凹"字形，花瓣往里收，逐渐往外开

花卉手法 拔——将花瓣根部奶油挤厚点，花嘴直接向上提起

花卉成品表达 适用于装饰送给朋友的生日蛋糕

制作过程

1. 准备好所需工具：裱花棒、米托、菊花嘴（图①）。

2. 将米托的尖端涂上奶油，放进裱花棒中，固定米托（图②、图③）。

3. 用橙色奶油和白色奶油制成边缘夹色：白色夹橙色（图④、图⑤）。

4. 在米托圆端处的1/4处，沿着米托内侧拔一层较短的花瓣，花瓣要一瓣挨着一瓣（图⑥）。

5. 制作第二层时要在米托内侧的边缘处拔花瓣，花瓣长度要比第一层略长，同时，花瓣也要包花蕊（图⑦、图⑧）。

6. 在米托外侧的边缘处拔出第三层花瓣，花瓣长度要比第二层长，花瓣同样包花蕊（图⑨）。

7. 在第三层花瓣的根部拔出第四层花瓣，花瓣长度要比第三层长，花瓣同样包花蕊。

8. 制作第五层花瓣时，要开始交错地拔出花瓣，花瓣一层比一层长。注意花瓣根部的奶油要长，且花瓣长短须一致（图⑩～图⑫）。

小贴士

　　拔每个花瓣时，收口要向里收，花瓣的角度也要逐渐打开。制作花瓣时，不必太拘泥于层数，只要最后成品的花型大、圆、饱满即可。

扫一扫，看视频

蛋糕成品示意图
可根据自己的喜好随意配色

花卉花语 清白，高尚，谦虚；出淤泥而不染，濯清涟而不妖；表示坚贞纯洁

花卉特征 花蕊呈"凹"字形，三层多瓣

花卉手法 拔——将花瓣根部奶油挤厚点，花嘴直接向上提起

花卉成品表达 适用于一般的节日蛋糕

制作过程

1. 准备好所需工具：裱花棒、米托、弧形扁齿花嘴（图①）。

2. 取小米托，在圆端处填满绿色奶油，抹平面（图②）。

3. 将黄色奶油装入裱花袋，剪成细裱，在奶油面上挤出黄色小点，作为莲子（图③、图④）。

4. 取大米托，将大米托的尖端涂上奶油，放进裱花棒中，固定米托（图⑤）。

5. 在大米托外围的边缘，以45°拔出第一层花瓣。注意花瓣根部的奶油要粗，一瓣挨着一瓣（图⑥、图⑦）。

6. 紧贴第一层花瓣交错拔出第二层花瓣。注意花瓣的长短需一致（图⑧、图⑨）。

7. 花嘴角度倾斜90°，交错拔出第三层花瓣（图⑩）。

8. 花瓣制作完成后，取粉色喷粉，给花瓣上色（图⑪）。

9. 在大米托内部挤少许奶油，用牙签插在小米托的边缘处，放入大米托内部（图⑫、图⑬）。

10. 将黄色奶油装入裱花袋，剪成细裱，在小米托与大米托的空隙处拔出两层花蕊即成（图⑭～图⑯）。

蝴蝶兰

THANK YOU

蛋糕成品示意图
可根据自己的喜好随意配色

花卉花语　纯洁，吉祥长久

花卉特征　二层多瓣，花蕊呈"凹"字形

花卉手法　抖绕——抖动花嘴做出弧形的轨迹

花卉成品表达　适用于装饰节日蛋糕

制作过程

1. 准备好所需工具：裱花棒、米托、小叶形嘴、中号花瓣花嘴（图①）。

2. 将米托剪成5份，剪至1/3处，然后将剪好的部分像花一样掰开。注意左右两边分剪时要大于其他3片。用剪刀将其中的三片小瓣，剪成尖的形状（图②~图④）。

3. 先制作3片小瓣，用小叶形嘴分别在3片小瓣上拔出尖形的花瓣。注意三片花瓣大小需一致（图⑤~图⑦）。

4. 制作剩余两片大瓣，用直花嘴分别在两片大瓣上抖绕出像扇形一样的花瓣。注意两片花瓣大小须一致（图⑧、图⑨）。

5. 取橙色喷粉，在花蕊根部喷上颜色（图⑩）。

6. 第二层花瓣要在第一层花瓣的根部制作，用小叶形嘴拔出4片小花瓣。制作完成后，用橙色喷粉在第二层花瓣上喷少许颜色（图⑪、图⑫）。

7. 将黄色奶油装入裱花袋，剪成细裱，在花瓣中心处挤出花蕊即成（图⑬、图⑭）。

牡丹花

扫一扫，看视频

蛋糕成品示意图
可根据自己的喜好随意配色

花卉花语	富贵、圆满、幸福和平
花卉特征	三层多瓣，花蕊呈"凹"字形
花卉手法	抖绕——抖动花嘴做出弧形的轨迹
花卉成品表达	适用于装饰春节蛋糕、祝寿蛋糕或朋友的生日蛋糕

制作过程

1. 准备好所需工具：裱花棒、米托、中直花嘴（图①）。

2. 在米托的尖端涂上奶油，放进裱花棒中，将米托固定（图②、图③）。

3. 首先用花嘴在米托圆端的外围挤两层底托。注意底托要高于米托，且倾斜角度要略大于米托，以增大花形的面积（图④、图⑤）。

4. 将花嘴的 1/3 靠近底托的边缘，角度 15°，以抖绕的手法来制作花瓣。注意花瓣要一瓣挨着一瓣，大小一致（图⑥、图⑦）。

5. 在米托的圆端里填充奶油，八分满即可。

6. 在第一层花瓣的两瓣中间制作第二层花瓣，花嘴角度为 60°（图⑧、图⑨）。

7. 在第二层花瓣的根部制作第三层花瓣，花嘴角度为 90°，同时，花瓣与第二层错落开，花瓣一般约为 4 瓣（图⑩、图⑪）。

8. 将黄色奶油装入裱花袋，剪成细裱，在花瓣的中心位置拔 2 层花蕊（图⑫）。

9. 取绿色奶油装入裱花袋，剪成细裱，在花蕊的中间挤出花蕾（图⑬、图⑭）。

别味裱花蛋糕

尺寸 10 寸　建议食用人数 6~10 人

裱花蕊语

绽放在心底的浓郁，将时间定格在每
一个温馨的画面。似花朵般多姿多彩，
恰如人生。

【第三章】

精致
韩式裱花

"韩式裱花"起源于韩国。将 wilton 裱花中的奶油霜裱花加以提炼，将花嘴加以修改，便产生了色调搭配协调、花卉精美，独具特色的韩式裱花。

韩式裱花从零学

韩式裱花工具

转换头

裱花钉

油纸

韩式裱花嘴

制作奶油霜

材料

无盐黄油	250 克	白砂糖	40 克
蛋清	70 克	柠檬汁	5 毫升
糖粉	30 克	朗姆酒	5 毫升
水	30 毫升		

制作过程

1. 准备好所需材料（图①）。

2. 无盐黄油放置室温软化，切小块放入碗中，用手动打蛋器搅打顺滑（图②）。

3. 把蛋清放入搅拌机中，加入柠檬汁和糖粉，打发至呈软鸡尾状（图③~图⑤）。

4. 把水和白砂糖放在一起煮到糖水质地变黏稠，上面布满小气泡（图⑥）。

5. 将糖水加入蛋清中快速打发（图⑦）。

6. 把黄油加入至打好的蛋白霜里打至均匀（图⑧）。

7. 在奶油霜里加入朗姆酒搅拌均匀即可（图⑨）。

调色

色素的上色比较重，在用奶油霜调色时，色素的使用不宜过多。正所谓"慢工出细活"，有的颜色调和起来比较复杂，需要两种或者两种以上的颜色调制而成，更需慢慢调制。一般而言，一个蛋糕的颜色不要超过4个，以免颜色搭配不协调，影响成品美观。

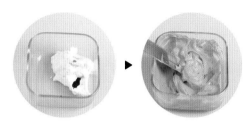

奶油霜 + 蓝色色素 = 蓝色奶油霜

奶油霜 + 红色色素 + 黄色色素 = 橘色奶油霜

奶油霜 + 红色色素 + 黄色色素 + 蓝色色素 + 黑色色素 = 褐色奶油霜

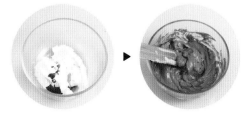

奶油霜 + 黄色色素 + 蓝色色素 + 黑色色素 = 墨绿色奶油霜

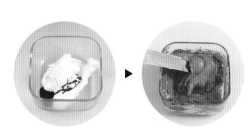

奶油霜 + 红色色素 = 红色奶油霜

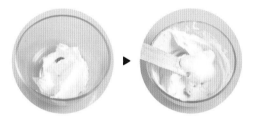

奶油霜 + 黄色色素 = 黄色奶油霜

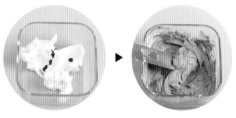

奶油霜 + 紫色色素 = 紫色奶油霜

精美韩式裱花款式集锦

维多利亚玫瑰

蛋糕成品示意图
可根据自己的喜好随意配色

小直嘴

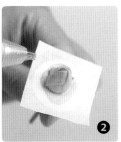

制作过程

1. 在裱花钉上放上油纸。

2. 用小直嘴在油纸上挤上花蕊，挤制时将奶油绕一圈即可（图①）。

3. 花嘴向里倾斜挤出第一层花瓣，为三瓣，包住花蕊（图②）。

4. 接下来制作第二层花瓣、第三层花瓣、第四层花瓣，花瓣一层比一层大，一层比一层开（图③、图④）。

5. 用花嘴绕出一圈花瓣，一圈一圈地绕，绕3圈左右，花瓣的高度和花蕊高度大致相同（图⑤）。

6. 将做好的花朵放入冷柜冷冻（图⑥）。

7. 冻硬以后取出，装饰在蛋糕上即可（图⑦）。

小贴士

健康的奶油霜比植脂奶油的塑形效果更好，更具立体感，加上食用色素，色彩鲜艳，美味又美丽。

奥斯汀玫瑰

扫一扫，看视频

成品示意图
可根据自己的喜好随意配色

主要工具

小直嘴

小弧形嘴

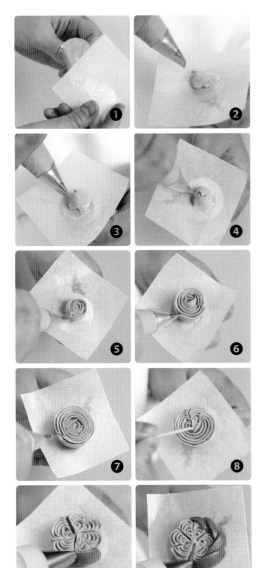

制作过程

1. 在裱花钉上放上油纸（图①）。

2. 用小直嘴在油纸上挤上花蕊，挤制时将奶油绕一圈即可（图②、图③）。

3. 旋转花钉挤出花瓣，第一层 3 瓣，第二层 4~5 瓣（图④、图⑤）。

4. 用花嘴绕出花瓣，绕 4 圈左右，花瓣高度和花蕊高度相同（图⑥、图⑦）。

5. 用牙签将花瓣向内直拉（图⑧）。

6. 用弧形花嘴一瓣挨着一瓣挤出两层弧形花瓣（图⑨～图⑪）。

7. 把玫瑰花放入冷柜冷冻（图⑫）。

8. 冻硬以后取出，装饰在蛋糕上即可（图⑬、图⑭）。

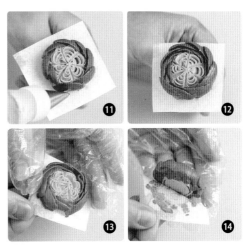

扫一扫 看视频

成品示意图
可根据自己的喜好随意配色

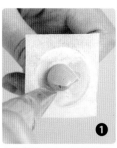 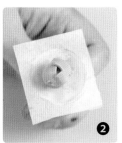

制作过程

1. 在裱花钉上放上油纸。

2. 用厚小直嘴在油纸上挤上花蕊，挤制时将奶油绕一圈即可（图①）。

3. 花嘴向里倾斜挤出第一层花瓣，为三瓣，包住小花蕊（图②、图③）。

4. 花嘴向里倾斜挤出第二层花瓣，花嘴角度比第一层打开10°，一共为5瓣（图④）。

5. 花嘴向里倾斜挤出第三层花瓣，第三层和第二层角度一致，一瓣挨着一瓣，挤完一整圈即可（图⑤）。

6. 花嘴向里倾斜挤出第四层花瓣，第四层和第三层花瓣角度一致，一瓣挨着一瓣挤完一整圈（图⑥）。

7. 把做好的玫瑰花放入冷柜冷冻。

8. 冻硬以后取出花朵，装饰在蛋糕上即可（图⑦）。

 小贴士

　　英式玫瑰华丽、优雅、丰富多变，不仅实体英式玫瑰花是世界各地玫瑰爱好者的宠儿，就连英式玫瑰裱花，也备受美食者的宠爱。

雏菊

成品示意图
可根据自己的喜好随意配色

58

❶ ❷ ❸ ❹ ❺ ❻ ❼ ❽ ❾

制作过程

1. 在裱花钉上放上油纸。

2. 先用厚小直嘴在油纸上平行挤出一圈底座（图①）。

3. 将花嘴在底座边缘倾斜45°，挤奶油，向外推向里收（图②、图③）。

4. 挤完一圈后，在花瓣中间留出空隙挤花蕊（图④、图⑤）。

5. 调制出咖啡色奶油后，用咖啡色奶油细裱挤出圆形的花蕊（图⑥）。

6. 用黄色奶油在花蕊上点上小点（图⑦）。

7. 把做好的小雏菊放入冷柜冷冻（图⑧）。

8. 冻硬以后取出花朵，装饰在蛋糕上即可（图⑨）。

小贴士

挤奶油的时候应一瓣挨着一瓣挤，以保证花瓣比较紧凑。

成品示意图
可根据自己的喜好随意配色

小号叶子嘴

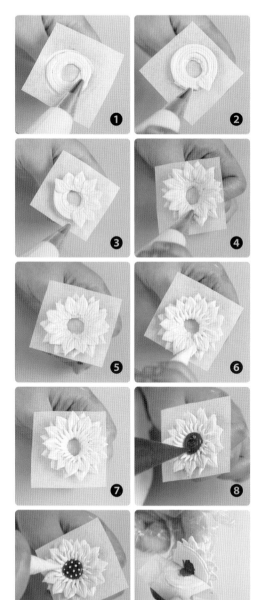

制作过程

1. 在裱花钉上放上油纸。

2. 左手拿着裱花钉，右手在油纸中心平行地挤出一圈底座（图①）。

3. 将花嘴在底座边缘倾斜30°，一瓣挨着一瓣挤出第一层花瓣（图②、图③）。

4. 将花嘴在底座边缘倾斜45°，然后在第一层两个花瓣之间挤出第二层花瓣（图④、图⑤）。

5. 用黄色奶油细裱挤出花蕊（图⑥、图⑦）。

6. 用黑色奶油把花蕊填色，并在花蕊里点上小籽（图⑧、图⑨）。

7. 把做好的向日葵放入冷柜冷冻。

8. 冻硬以后取出花朵，装饰在蛋糕上即可（图⑩）。

 小贴士

挤的时候注意不要挤太厚，中间留出适当空白来制作花蕊。

61

小苍兰

成品示意图
可根据自己的喜好随意配色

小号叶子嘴

弧形花嘴

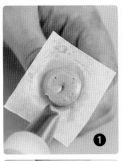

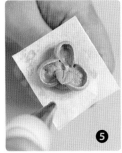

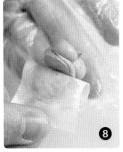

制作过程

1. 在裱花钉上放上油纸。

2. 首先用弧形花嘴在油纸上挤出一圈底座（图①）。

3. 用弧形花嘴由中心向外推做出弧形的花瓣，挤出第一层花瓣，共3瓣（图②~图④）。

4. 用叶子嘴挤出第二层花瓣，挤制第二层花瓣时需要与第一层交错着挤，同样挤出3瓣（图⑤、图⑥）。

5. 用奶油细裱挤出花蕊（图⑦）。

6. 把做好的小苍兰放入冷柜冷冻。

7. 冻硬以后取出花朵，装饰在蛋糕上即可（图⑧）。

 小贴士

调制的奶油霜不要太软，如果奶油霜太软，则制作出的花瓣很容易下垂、歪斜，很难成为我们需要的形状。

主要工具

小锯齿嘴

制作过程

1. 在裱花钉上放上油纸，用小锯齿嘴在油纸上垂直挤出底座（图①）。

2. 从底座边缘挨着挤一圈，包围底座，作为第一层（图②）。

3. 接着在第一层上面直接用小锯齿嘴拔出第二层（图③）。

4. 用白色奶油在仙人掌上细裱出小刺（图④、图⑤）。

5. 在仙人掌顶部挤出红色小花（图⑥）。

6. 把做好的仙人掌放入冷柜冷冻（图⑦）。

7. 冻硬以后取出花朵，装饰在蛋糕上即可（图⑧）。

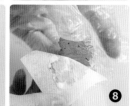

多肉植物

月牙花嘴

制作过程

1. 在裱花钉上放上油纸。

2. 用月牙花嘴在油纸上挤出一圈圆形底座（图①）。

3. 将花嘴在底座边缘向外倾斜 45°，一片挨着一片拔出第一层花瓣（图②、图③）。

4. 将花嘴倾斜 40°，在第一层两片花瓣之间，交错拔出第二层花瓣，如图所示，第二层共 8 瓣（图④）。

5. 将花嘴倾斜 30°，交替拔出第三层花瓣，第三层共 6 瓣（图⑤）。

6. 将花嘴倾斜 20°，交替拔出第四层花瓣，第四层共 3 瓣（图⑥）。

7. 在花瓣中间用裱花袋挤上些许红色花蕊（图⑦）。

8. 用红喷粉在花瓣上喷上颜色（图⑧）。

9. 把做好的多肉植物放入冷柜冷冻（图⑨）。

10. 冻硬以后取出，装饰蛋糕即可（图⑩）。

韩式裱花组合图

韩式裱花整体蛋糕

成品示意图
可根据自己的喜好随意配色

制作过程

1. 根据第一章介绍的制作方法，首先制作出一个直面（图①）。

2. 用编花篮的方法在直面的侧面用咖啡色奶油编出造型，直面的顶面留出空白（图②、图③）。

3. 根据前文介绍的花卉制作方法，分别挤制出维多利亚玫瑰、英式玫瑰、菊花、牡丹花等自己喜欢的花卉（图④、图⑤）。

4. 将制作出的部分花朵根据自己的喜好随意摆放在蛋糕面上（图⑥、图⑦）。

5. 将小花朵交错摆放在蛋糕边缘处，中间高花卉多，两边花卉矮且小（图⑧、图⑨）。

6. 用墨绿色奶油在适当的位置拔出叶子，摆好后的花朵如图所示（图⑩～图⑫）。

7. 接下来制作花盒。在模具上抹出一个矮坯子。用扁锯齿嘴挤出咖啡色奶油，包住面，并在边缘处挤出花型（图⑬、图⑭）。

8. 把花盒轻轻倾斜放在蛋糕上（图⑮）。

9. 用类似挤制多肉植物的手法，在花盒中央挤出尖角即可（图⑯）。

花簇蛋糕

蛋糕成品示意图
可根据自己的喜好随意配色

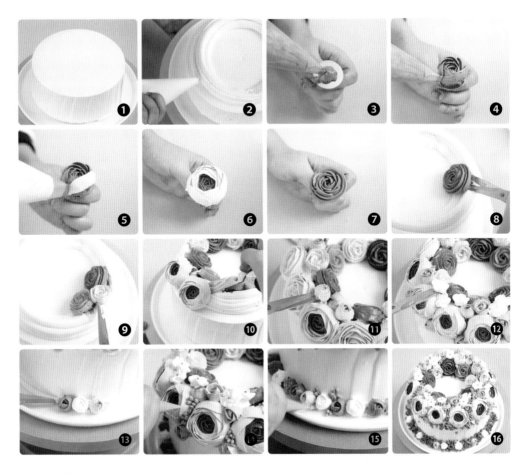

制作过程

1. 根据第一章介绍的制作方法，首先制作出一个直面（图①）。

2. 用裱花袋在顶部平面上挤出一圈圈白色奶油（图②）。

3. 根据前文介绍的制作方法挤出维多利亚玫瑰，用红色奶油挤出中间花瓣，外面的三圈用淡粉色奶油制作（图③~图⑥）。

4. 根据前文介绍的制作方法，用蓝色奶油挤出英式玫瑰，放在花环里面（图⑦~图⑨）。

5. 红色花朵摆放在外围一圈（图⑩）。

6. 在裱花钉上用白色奶油出一些小花瓣和小玫瑰，放在花朵之间的空隙处（图⑪、图⑫）。

7. 在蛋糕底部挤出一圈小玫瑰花，用紫色奶油细裱挤出小花骨朵（图⑬~图⑮）。

8. 用浅绿色奶油挤出叶子即可（图⑯）。

森林绿植蛋糕

扫一扫，看视频

蛋糕成品示意图
可根据自己的喜好随意配色

制作过程

1. 制作一方形的蛋糕坯子，挤出浅咖啡色奶油，用抹刀抹平表面（图①）。

2. 用抹刀将深咖啡色奶油挤在蛋糕坯子上，使之呈现出木纹（图②、图③）。

3. 根据前文介绍的制作方法，在蛋糕顶部中间偏左的位置挤出仙人掌（图④、图⑤）。

4. 根据前文介绍的制作方法，挤出两株多肉植物（图⑥、图⑦）。

5. 将制作好的多肉植物放在顶部的空白位置（图⑧）。

6. 在蛋糕侧面和顶面挤出小仙人掌，奶油颜色为浅绿色（图⑨）。

7. 用花瓣花嘴在仙人球上挤出红色小花（图⑩）。

8. 用大红色奶油细裱挤出红果实进行点缀（图⑪）。

9. 用墨绿色奶油细裱出小细茎、叶，并点缀上小红果实（图⑫、图⑬）。

10. 在仙人掌叶子上用白色奶油点缀上间隔均匀的小点，然后在小花上点缀上花蕊即成（图⑭～图⑯）。

蕾丝蛋糕

蛋糕成品示意图
可根据自己的喜好随意配色

74

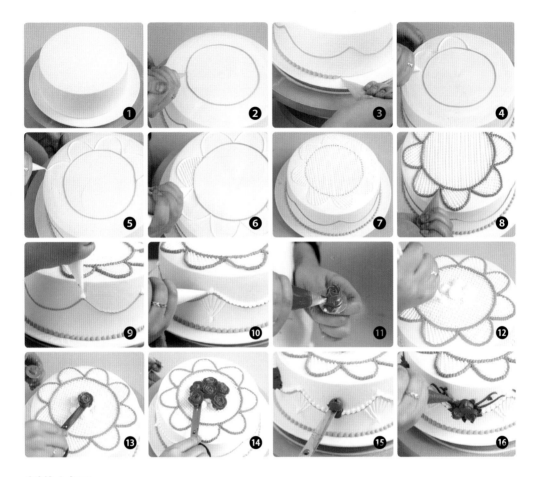

制作过程

1. 根据第一章介绍的制作方法，首先制作出一个直面（图①）。

2. 用裱花袋在顶部平面用红色奶油拉线成圆，在侧面以吊线的方法作出线条，用小号圆嘴在侧面底部边缘挤出整齐排列的小珍珠（图②、图③）。

3. 用装有白色奶油的裱花袋沿着红色圆圈的边缘拉出一个个半圆形，如图所示（图④、图⑤）。

4. 在白色半圆和红色圆圈中用掉线的方式作出格子形状（图⑥、图⑦）。

5. 在圆形线条和半圆形线条上挤出红色小珍珠（图⑧）。

6. 在侧面线条相接处挤出白色小球，下方挤出扇形，线条上挤出小逗边（图⑨、图⑩）。

7. 根据前文介绍的制作方法，制作出自己喜欢的红色玫瑰花（图⑪）。

8. 在蛋糕顶面用白色奶油挤出花的底座，在底座四周挤出 6 个白色小底座（图⑫）。

9. 在每个底座上放上红色玫瑰花。蛋糕侧面也挤出小花，放在弧形的最低处，呈三角形摆放。空隙处用绿色奶油挤出叶子和茎即成（图⑬～图⑯）。

锦簇年华

尺寸 16 寸　建议食用人数 8~12 人

裱花蕊语
深情犹如沁人心脾的玫瑰花，沉浸在
幸福的海洋，无法抗拒。

首尔森林

尺寸 10 寸　建议食用人数 4~8 人

裱花蕊语
幸福是心灵的愉悦，就像鲜美可口的
奶油变身美丽的花朵，心满意足，回
味悠长。

荷塘月色

尺寸 10 寸　建议食用人数 4~8 人

裱花蕊语

出淤泥而不染，濯清涟而不妖。清高、
简单、丰富，那是荷花的味道。

秘密花园

尺寸 10 寸　建议食用人数 4~8 人

裱花蕊语
爱这一方奶油搭建的花簇，呈现出另
一番幸福的乐园。

芭比公主

尺寸随意大小　　　建议食用人数 2~6 人

裱花蕊语

凌晨未觉醒的记忆，如梦如幻的仙女的舞蹈……纯纯的奶香回味悠长，那是初恋的味道。

【第四章】

萌宠
动物裱花

玩具店中，我们经常会看到可爱的生肖吉祥物，如玉兔、小狗等。把这些可爱的小动物做成萌萌的裱花蛋糕，不仅可大饱眼福，更能大饱口福。

鼠

扫一扫，
看视频

for you

蛋糕成品示意图
可根据自己的喜好随意配色

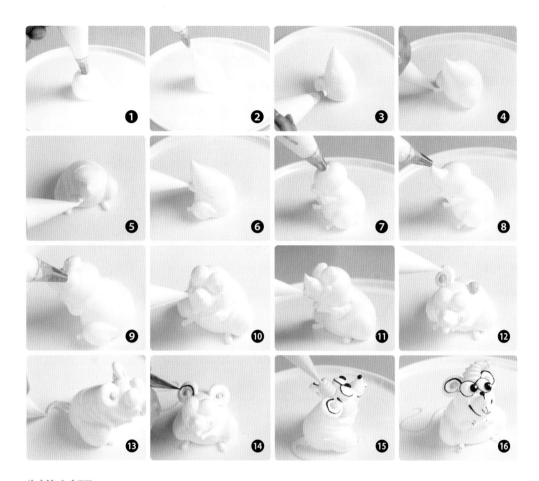

制作过程

1. 花嘴倾斜 75°，在托盘上挤出白色奶油，由后往前带出老鼠的身体（图①、图②）。

2. 将花嘴插进身体下方两侧，吹出大腿，用奶油细裱挤出两个脚部，成八字形（图③、图④）。

3. 将细裱插入身体上半部分两侧的位置挤出胳膊，横向拉出第一节，向上拉出第二节，两节胳膊的长度相等（图⑤、图⑥）。

4. 将花嘴倾斜 45° 挤出圆球脑袋，顺势拔出鼻头（图⑦、图⑧）。

5. 用圆嘴在鼻头根部挤出圆球眼睛（图⑨）。

6. 用奶油细裱在鼻子下方中间的位置挤出牙齿（图⑩、图⑪）。

7. 用红色奶油在脑袋后方两侧的位置挤出耳朵，然后用白色奶油细裱描出耳线（图⑫）。

8. 用黄色奶油细裱挤出"S"形的尾巴，用黑巧克力的线膏画出五官线条和眼睛即成（图⑬～图⑯）。也可参照蛋糕成品示意图中的造型。

蛋糕成品示意图
可根据自己的喜好随意配色

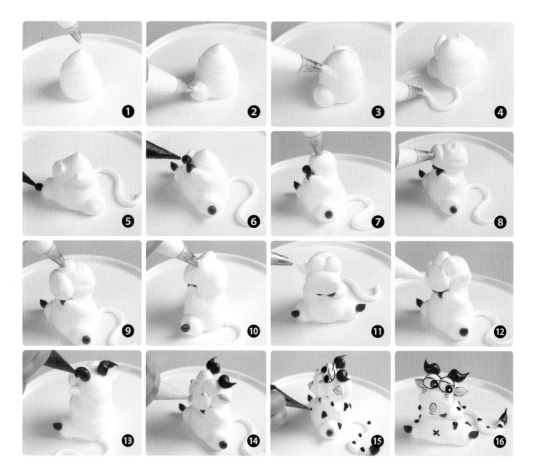

制作过程

1. 用花嘴在托盘上垂直挤出牛的身体，上窄下宽，类似水滴状（图①）。

2. 将花嘴插进身体下方两侧的位置挤出牛腿（图②）。

3. 将花嘴插入身体上半部分两侧的位置挤出胳膊（图③）。

4. 将花嘴插入身体后下方，挤出 "S" 形的尾巴，用黑色巧克力细裱出牛蹄（图④～图⑥）。

5. 将花嘴垂直扎入脖颈收口处挤出圆球脑袋（图⑦）。

6. 将花嘴平放，插入脑袋 1/2 偏下的位置挤出圆球嘴巴（图⑧）。

7. 在圆球嘴巴上方挤出椭圆形眼睛，脑袋两侧 1/2 处挤出柳叶形耳朵（图⑨～图⑪）。

8. 用奶油细裱在嘴巴圆球上方两侧挤出鼻孔，中间挤出小嘴巴（图⑫）。

9. 在头顶两端用咖啡色奶油挤出牛角，由粗到细向上向外拉出（图⑬）。

10. 用粉色奶油在嘴巴和耳朵上填上颜色装饰，用黑色细裱画上五官，在牛身体上挤出黑色纹路即成（图⑭～图⑯）。也可参照蛋糕成品示意图中的造型。

扫一扫，看视频

蛋糕成品示意图

可根据自己的喜好随意配色

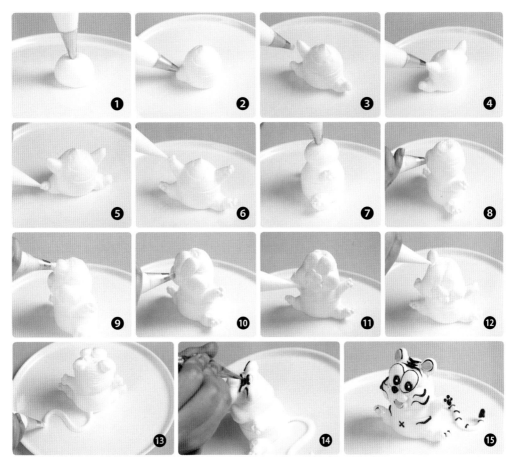

制作过程

1. 用花嘴在托盘上垂直挤出老虎的身体，上窄下宽，类似水滴状（图①）。

2. 将花嘴插进身体下方两侧的位置挤出腿（图②）。

3. 将花嘴插入身体上半部分两侧的位置挤出胳膊（图③、图④）。

4. 在老虎的双腿和两个胳膊上挤出小圆点，作为老虎的手掌、脚掌（图⑤、图⑥）。

5. 将花嘴垂直扎入脖颈收口处挤出圆球脑袋，在脸部下方两侧吹出腮（图⑦、图⑧）。

6. 将花嘴在脸部中间上方挤出椭圆形眼睛，在眼睛下方挤出一对圆球嘴巴（图⑨、图⑩）。

7. 用奶油细裱挤出老虎的鼻头和嘴巴、牙齿，在头顶两端挤出老虎耳朵（图⑪、图⑫）。

8. 将花嘴插入身体后下方，挤出"S"形的尾巴（图⑬）。

9. 用黑色、蓝色、红色细裱画上五官，在身体上挤出黑色纹路即成（图⑭、图⑮）。也可参照蛋糕成品示意图中的造型。

蛋糕成品示意图
可根据自己的喜好随意配色

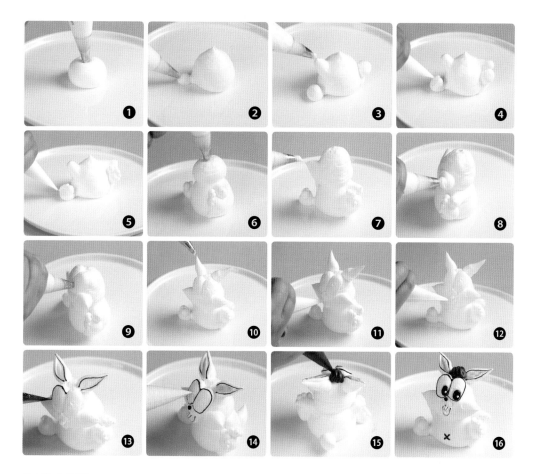

制作过程

1. 用花嘴在托盘上垂直挤出兔子的身体，上窄下宽，类似水滴状（图①）。

2. 将花嘴插进身体下方两侧挤出腿，在腿部正上方挤出胳膊（图②、图③）。

3. 用奶油细裱挤出脚趾头，由大到小（图④、图⑤）。

4. 花嘴垂直于脖颈处挤出脑袋，脑袋下大上小（图⑥）。

5. 用花嘴在脸蛋的两侧拔出胡子，用圆嘴挤出椭圆形的眼睛（图⑦～图⑨）。

6. 在头顶两端由粗到细拔出兔耳朵（图⑩）。

7. 在眼睛的正下方挤出嘴巴和鼻头（图⑪）。

8. 用奶油细裱画出唇线、挤出大板牙（图⑫）。

9. 用黑色、黄色、红色细裱分别描出兔子的耳线、五官（图⑬、图⑭）。

10. 用有色奶油做出头发即成（图⑮、图⑯）。也可参照蛋糕成品示意图中的造型。

龙

蛋糕成品示意图
可根据自己的喜好随意配色

制作过程

1. 用花嘴在托盘上垂直挤出龙的身体，上窄下宽，类似水滴状（图①）。

2. 用绿色细裱拉出肚皮，先水平方向挤出中间宽上下窄的长条，然后在四周勾勒起来，形成类似六方体的绿色肚皮（图②）。

3. 裱花袋内装上白色奶油，将花嘴插进身体下方两侧的位置挤出腿和脚掌（图③、图④）。

4. 将花嘴在腿部的正上方挤出两只胳膊，垂直于脖颈处挤出圆球脑袋（图⑤、图⑥）。

5. 将花嘴平放，插入脑袋 1/2 偏下的位置挤出嘴巴（图⑦）。

6. 在脑袋前上方挤出眼睛，在脑袋两侧挤出耳朵，描出耳线（图⑧、图⑨）。

7. 用奶油细裱在相应位置分别挤出鼻孔、嘴巴、菱角、龙掌、犄角（图⑩～图⑭）。

8. 用巧克力线裱画出五官，用大红色奶油在嘴巴上挤出龙珠即成（图⑮、图⑯）。也可参照蛋糕成品示意图中的造型。

蛋糕成品示意图
可根据自己的喜好随意配色

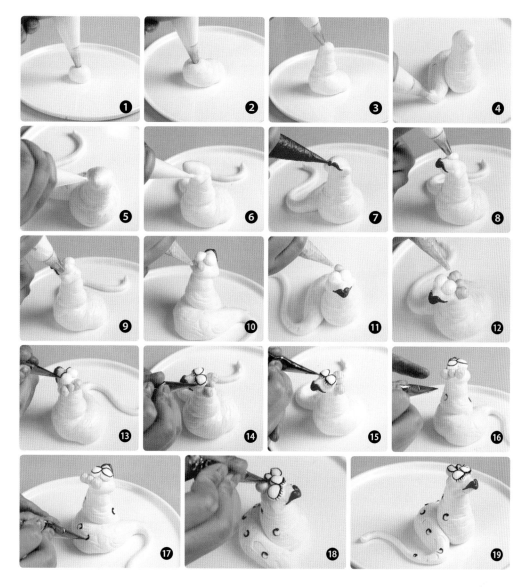

制作过程

1. 用花嘴在托盘上挤出绿色的蛇状身体，用花嘴由粗到细拉出尾巴（图①～图④）。

2. 用圆嘴在脑袋两侧挤出蛇脸，用红色奶油细裱挤出蛇的嘴巴（图⑤～图⑦）。

3. 用圆嘴在脑袋上面挤出蛇的眼睛，呈椭圆形白色奶油状（图⑧、图⑨）。

4. 用粉色奶油在头顶挤出一个蝴蝶结（图⑩～图⑫）。

5. 用黑细裱画出蛇的五官和身体的纹理即成（图⑬～图⑲）。也可参照蛋糕成品示意图中的造型。

蛋糕成品示意图
可根据自己的喜好随意配色

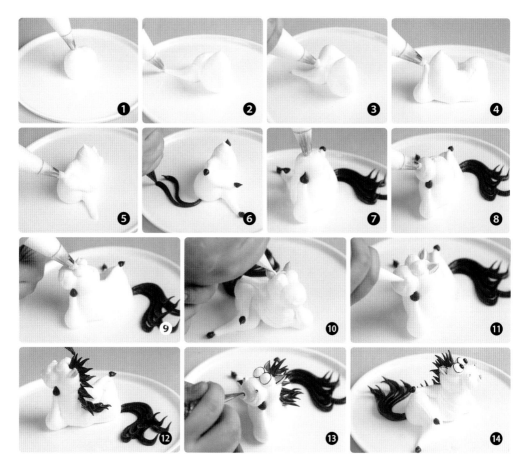

制作过程

1. 用花嘴垂直挤出"L"形状的身体，在身体后方挤出第一条后腿，由粗到细分为两节（图①、图②）。

2. 用花嘴挤出第二条后腿，第二条后腿放在第一条后腿上（图③）。

3. 用花嘴在身体前方挤出第一条前腿，由前向上拉，让胳膊扶住身体（图④）。

4. 用花嘴挤出第二条前腿，让第二条前腿搭在第二条后腿上，使整个身体呈现侧卧的姿势（图⑤）。

5. 用黑色奶油细裱挤出马蹄和"S"形的尾巴，在脖颈处挤出白色脑袋圆球（图⑥、图⑦）。

6. 将花嘴平放，插入脑袋一半偏下的位置挤出嘴巴，在嘴巴上方挤出眼睛（图⑧、图⑨）。

7. 用粉色奶油在头部合适的位置拔出耳朵，并用白色细裱描出耳朵线条（图⑩）。

8. 用白色奶油细裱在嘴巴上方两侧挤出圆形鼻孔，并在中间挤出小嘴巴（图⑪）。

9. 用黑色奶油在马背脊柱位置和头部中间位置拔出鬃毛（图⑫）。

10. 用黑色细裱描出眼眶、鼻孔、嘴形，并挤出眼球，再用粉色奶油填充鼻孔、嘴巴，最后用白色奶油在眼球上点些小点即成（图⑬、图⑭）。也可参照示意图中的造型。

扫一扫 看视频

蛋糕成品示意图
可根据自己的喜好随意配色

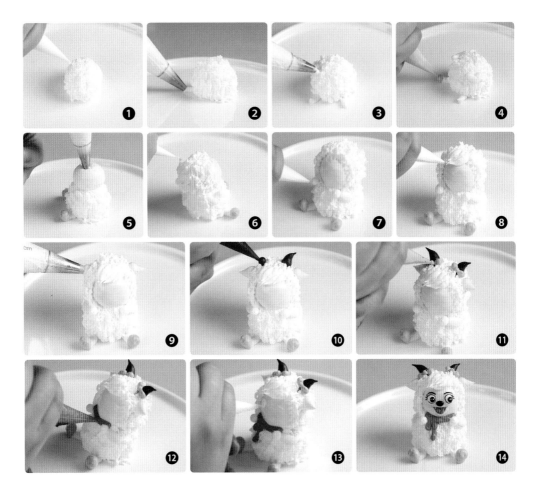

制作过程

1. 先用花嘴挤出一个圆球身体，并用白色奶油细裱在圆球身体上喷满丝（图①）。

2. 用肉色奶油在圆球身体合适的位置上挤出四肢（本书中制作的小羊为坐姿）（图②、图③）。

3. 用粉色奶油在脚的位置上挤粉色鞋子。用肉色奶油挤出圆球脑袋，并用白色奶油细裱喷丝，面部位置不用喷丝（图④～图⑥）。

4. 用白色奶油在手掌位置挤出球形手掌（图⑦）。

5. 用白色奶油拔出头发（图⑧）。

6. 用肉色奶油在头部合适的位置由粗到细拔出耳朵（图⑨）。

7. 用黑色奶油在头部由粗到细拔出羊角，在羊角根部挤出粉色蝴蝶结（图⑩、图⑪）。

8. 用枚红色奶油在脖颈处挤出围巾（图⑫）。

9. 用白色奶油在面部合适位置画出眼睛。用黑色细裱描出眉毛、眼眶、睫毛、嘴形，挤出鼻子，用枚红色奶油装饰嘴巴（图⑬、图⑭）。也可参照示意图中的造型。

蛋糕成品示意图
可根据自己的喜好随意配色

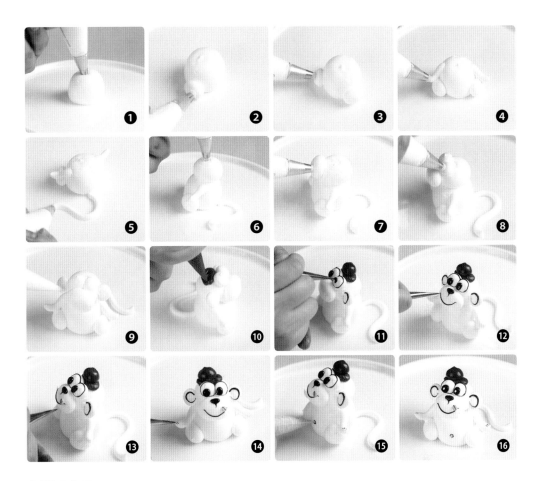

制作过程

1. 用花嘴在托盘上垂直挤出猴子的身体，上窄下宽，类似水滴状（图①）。

2. 将花嘴插进身体下方两侧的位置挤出两只腿（图②、图③）。

3. 在腿部的正上方用圆嘴拉出两只细长的胳膊（图④）。

4. 将花嘴插入身体后下方，挤出"S"形的尾巴（图⑤）。

5. 将花嘴垂直于脖颈处挤出圆球脑袋（图⑥）。

6. 将花嘴平放，插入脑袋 1/2 偏下的位置挤出圆球嘴巴（图⑦）。

7. 在圆球嘴巴上方挤出两个扁圆球眼睛（图⑧）。

8. 用奶油细裱在挤出耳朵，在耳朵边缘描出耳线，用黑色奶油挤出帽子（图⑨、图⑩）。

9. 用黑色细裱描出猴子的五官，用粉色奶油描出舌头（图⑪~图⑬）。

10. 用黑色奶油点出手指，在肚子上用黑色奶油画圈，挤上粉色奶油即成（图⑭~图⑯）。

也可参照成品示意图中的造型。

蛋糕成品示意图
可根据自己的喜好随意配色

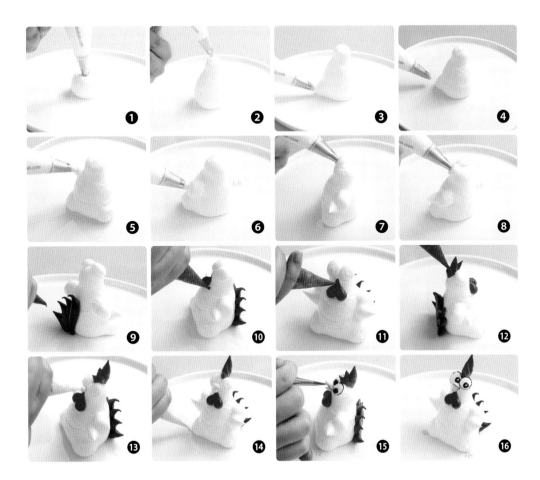

制作过程

1. 用花嘴在托盘上垂直挤出鸡的身体，上窄下宽，类似水滴状（图①）。

2. 在脖颈处挤出脑袋（图②）。

3. 将花嘴插进身体下方两侧的位置挤出腿（图③、图④）。

4. 用圆嘴插入身体两侧，以"Z"字形拉出胳膊（图⑤、图⑥）。

5. 在脑袋两端用花嘴挤出一对椭圆形的眼睛（图⑦、图⑧）。

6. 用黑色奶油拔出扇形的尾巴（图⑨）。

7. 用大红色奶油细裱挤出鸡肉锤（图⑩、图⑪）。

8. 用大红色奶油细裱挤出鸡冠，鸡冠由小到大，越来越高（图⑫）。

9. 用黄色奶油挤出鸡的嘴巴（图⑬）。

10. 用黄色奶油挤出鸡爪（图⑭）。

11. 用黑细裱描出五官，用白色奶油细裱描出眼球即成（图⑮、图⑯）。

蛋糕成品示意图
可根据自己的喜好随意配色

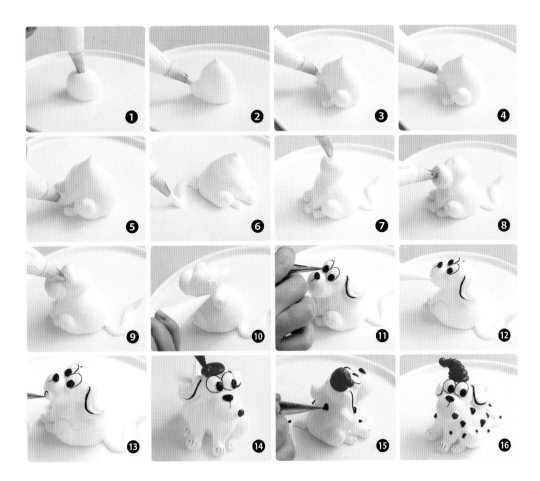

制作过程

1. 花嘴倾斜 75°，在托盘上垂直挤出狗的身体，上窄下宽，类似水滴状（图①）。

2. 将花嘴插进身体下方两侧的位置吹出大腿，在大腿的下方拉出小腿（图②、图③）。

3. 在身体前方拉出胳膊，成趴着的姿态（图④、图⑤）。

4. 将花嘴插入身体后下方，挤出"S"形的尾巴（图⑥）。

5. 用花嘴在脖颈处挤出圆球脑袋（图⑦）。

6. 将花嘴平放，插入脑袋 1/2 偏下的位置挤出嘴巴（图⑧）。

7. 在嘴巴上方挤出扁圆球眼睛，在脑袋后方拉出长条形的耳朵（图⑨、图⑩）。

8. 用黑细裱描出五官（图⑪）。

9. 用白色奶油裱出狗的嘴巴，用黑色奶油画出嘴巴，用红色奶油挤上舌头（图⑫、图⑬）。

10. 用红色奶油绕出圣诞帽，用黑色奶油在身体上画出相应的纹理即成（图⑭~图⑯）。也可参照成品示意图的造型。

猪

蛋糕成品示意图

蛋糕成品示意图
可根据自己的喜好随意配色

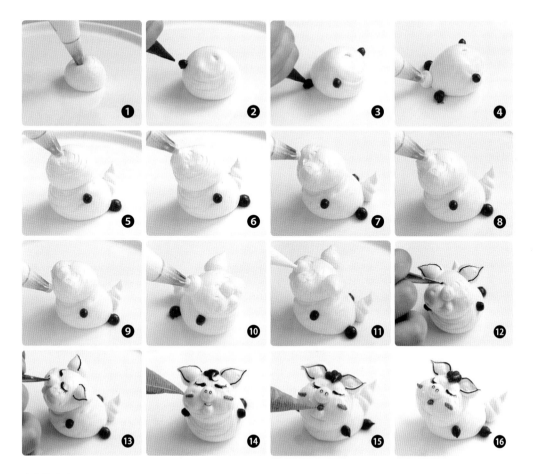

制作过程

1. 花嘴倾斜 75°，用肉粉色奶油在托盘上垂直挤出趴着的猪身体，上窄下宽，类似圆柱状（图①）。

2. 用黑色奶油细裱拔出 4 个小猪蹄（图②、图③）。

3. 用肉粉色奶油挤出猪的尾巴（图④）。

4. 在脖颈处挤出圆球脑袋（图⑤）。

5. 在脸部两侧用圆嘴吹出嘴巴（图⑥、图⑦）。

6. 在脸蛋中间的位置挤出圆球鼻子（图⑧、图⑨）。

7. 用花嘴在头顶两端拔出大耳朵（图⑩）。

8. 用奶油细裱把鼻头吹成圆润的三角形（图⑪）。

9. 用黑色细裱描出五官（图⑫、图⑬）。

10. 用粉色细裱描出脸蛋和嘴巴即成（图⑭～图⑯）。也可参照成品示意图的造型。

仿真凤凰

蛋糕成品示意图
可根据自己的喜好随意配色

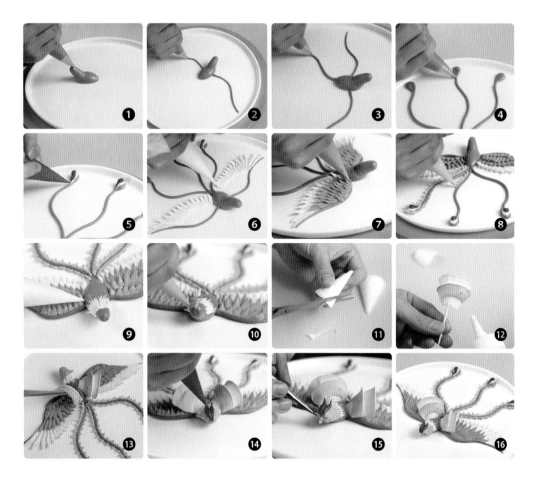

制作过程

1. 将花嘴倾斜 45° 左右，用紫色奶油在托盘上挤出凤凰的身体（图①）。

2. 用花嘴挤出翅膀和尾巴的轮廓，用紫色奶油挤出水滴形的尾翼，用黄色、红色奶油点缀（图②~图⑤）

3. 用黄色奶油拔出第一层翅膀，由长到短（图⑥）。

4. 在黄色翅膀上用蓝色奶油拔出第二层翅膀，用绿色奶油拔出尾巴的羽毛（图⑦、图⑧）。

5. 用黄色奶油细裱拔出头上的羽毛，用橙色奶油细裱拔出第二层的羽毛（图⑨、图⑩）。

6. 把米托对半剪开，用玫瑰花嘴在米托上挤出一层白色奶油，分别挤出两层翅膀，第一层为黄色，第二层为浅橙色（图⑪、图⑫）。

7. 分别做好两个翅膀后，镶嵌在凤凰身体两侧（图⑬）。

8. 用大红色奶油细裱挤出头冠，用黄色奶油细裱挤出嘴巴和眼睛即成（图⑭~图⑯）。也可参照成品示意图中的造型。

仿真龙

扫一扫，看视频

蛋糕成品示意图

可根据自己的喜好随意配色

108

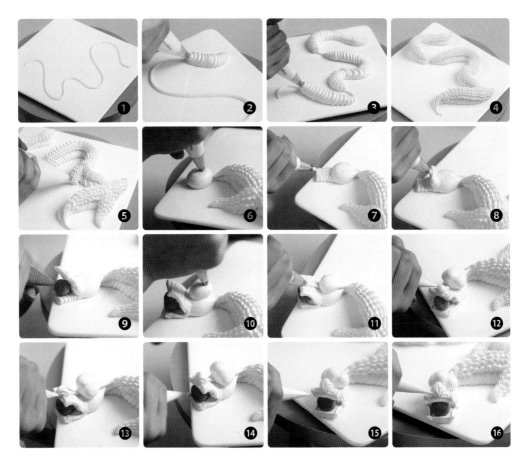

制作过程

1. 将花嘴倾斜 60° 左右，用粉色奶油在托盘上挤出龙的"S"形身体（图①）。

2. 用圆嘴上下抖动挤出身体的轮廓（图②、图③）。

3. 换用齿嘴，用黄色奶油在身体轮廓线上挤出龙的身体，由细到粗（图④）。

4. 用齿嘴在身体的两侧挤出 4 条腿，由细到粗（图⑤）。

5. 用圆嘴垂直于身体前端，用粉色奶油挤出水滴形的脑袋（图⑥）。

6. 用圆嘴在头部下方左右推奶油挤出下嘴巴（图⑦）。

7. 在下嘴巴上方以同样的方式挤出上嘴巴，上嘴巴比下嘴巴略宽（图⑧）。

8. 用红色奶油挤出嘴巴里的龙珠，用圆嘴挤出水滴形的龙头（图⑨、图⑩）。

9. 在龙头中间的位置拉出鼻梁骨，用奶油细裱画出鼻孔（图⑪~图⑬）。

10. 用白色奶油细裱上下抖动挤出牙齿，用黄色奶油细裱挤出胡子（图⑭~图⑯）。

11. 用白色奶油在鼻梁两侧挤出圆球眼睛（图⑰、图⑱）。

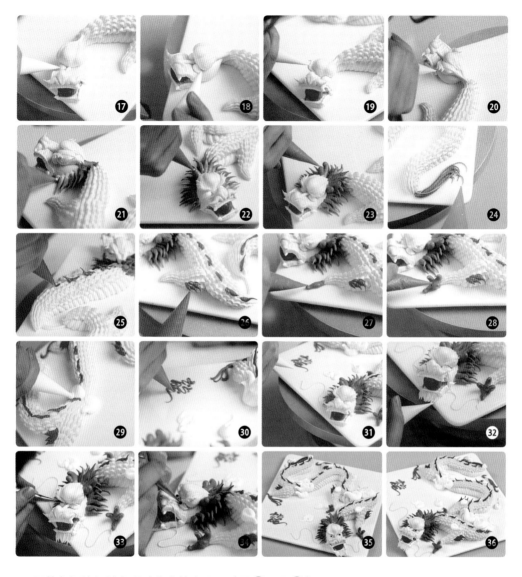

12. 用黄色奶油细裱在眼睛上方挤出眉毛（图⑲、图⑳）。

13. 用紫色奶油细裱挤出颈毛，用黑色奶油挤出两个龙角，一长一短（图㉑~图㉓）。

14. 分别用红奶油和紫奶油挤出"S"形的尾巴（图㉔）。

15. 用红色奶油细裱拔出身体上的菱角，用黑色奶油细裱拔出龙爪（图㉕~图㉘）。

16. 在龙身体和托盘上分别用白色奶油绕出云朵作为点缀，也可用黑色奶油细裱在托盘上画出"龍"字（图㉙、图㉚）。

17. 用黄色奶油拉出龙须，用黑细裱画出龙眼珠即成（图㉛~图㊱）。也可参照成品示意图中的造型。

两小无猜

尺寸随意大小　　建议食用人数 3~5 人

裱花蕊语

彼此的依偎，相互的衬托。在浪漫的阳光中，共同沉浸在奶油甜蜜的热情中。

裱花蕊语

每个男孩都想有辆车，驰骋在广阔的
田野里。卡通的造型，孩子的最爱。

林中小屋

尺寸随意大小　　建议食用人数 3~5 人

裱花蕊语

梦幻的蘑菇包，许下你真切的心愿，
童心与爱，就在你的身边。

红莓探戈

尺寸20寸　建议食用人数8~15人

裱花蕊语

果肉多汁，鲜美可口，那诱人的清香
酸甜，滋润着每个人的心灵。

【第五章】

创意水果
裱花蛋糕

妙不可言的香甜奶油，点缀上各种水果，
好看、好吃、好做、好品位。

百变切水果之蛋糕装饰法宝

在蛋糕的装饰上，百变的水果造型，会为裱花蛋糕画龙点睛。下面便是几个比较实用、简单易学且好看的水果切法。在切之前洗净水果、双手和相应工具，便可进行操作了。

切法一

1. 取出鲜草莓，放在案板上（图①）。
2. 将草莓用水果刀去蒂修整（图②）。
3. 在草莓中部用水果雕刀左一下右一下"∨"形切口一圈（图③、图④）。
4. 上下部分分开（图⑤）。
5. 成品如图所示（图⑥）。

切法二

1. 将草莓去蒂修整（图⑦）。
2. 顶部十字切刀，不切透（图⑧、图⑨）。
3. 成品如图所示（图⑩）。

切法三

1. 将草莓去蒂修整（图⑪）。
2. 从顶部一分为二（图⑫）。
3. 左右分开，成品如图所示（图⑬）。

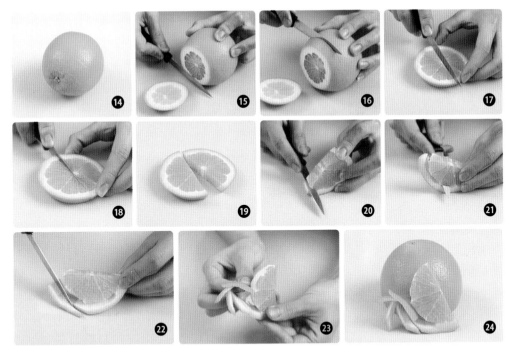

1. 取新鲜橙子一个（图⑭）。

5. 将果肉、果皮分开（图⑳、图㉑）。

2. 用水果刀切掉顶端部分（图⑮）。

6. 将果皮如图切几刀（图㉒）。

3. 切下较厚的一片（图⑯）。

7. 将果皮翻起，固定在其根部（图㉓）。

4. 将其一分为二（图⑰～图⑲）。

8. 成品如图所示（图㉔）。

哈密瓜

1. 哈密瓜取一角（图㉕、图㉖）。

2. 用水果刀将果肉、果皮分开，不切断（图㉗）。

3. 将果皮如图切几刀（图㉘）。

4. 将果皮翻起，固定在其根部（图㉙）。

5. 成品如图所示（图㉚）。

火龙果

切法一

1. 火龙果一个，并如图修整（图㉛～图㉞）。

2. 切下一龟壳形状椭圆（图㉟、图㊱）。

3. 用刀平行且间隔均匀地切开果肉，尽量不伤皮（图㊲、图㊳）。

4. 换个方向再切一遍（图㊴）。

5. 翻开即可，成品如图所示（图㊵、图㊶）。

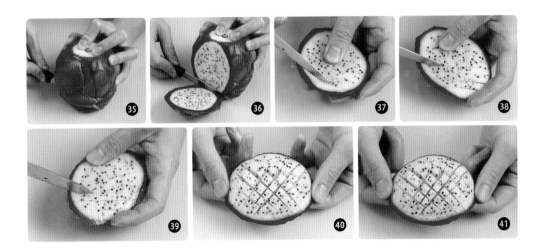

切法二

1. 将挖球器平放于果肉上（图㊷）。

2. 后方抬起挖入（图㊸）。

3. 旋转，提出（图㊹~图㊻）。

4. 成品如图所示（图㊼、图㊽）。

切法三

1. 将火龙果如图切片（图㊾、图㊿）。

2. 如图所示，平均分开，切成三角形（图○51~图○53）。

3. 成品如图所示（图○54）。

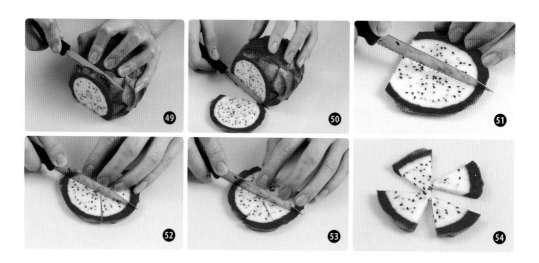

猕猴桃

切法一

1. 取一猕猴桃，如图修整（图⑤⑤～图⑤⑦）。

2. 从上方切约整个深度 2/3，宽度约 0.5 厘米（图⑤⑧、图⑤⑨）。

3. 从如图位置开始用水果雕刀左一下右一下"V"形切口，深度到正中心，到如图位置结束，并将其取下（图⑥⓪～图⑥②）。

4. 另一侧同上切开（图⑥③～图⑥⑤）。

5. 将如图中间部分，切透取出，成图所示（图⑥⑥、图⑥⑦）。

6. 切除的部分从中间切开，如图所示（图⑥⑧、图⑥⑨）。

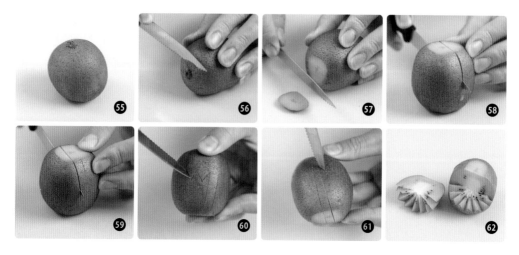

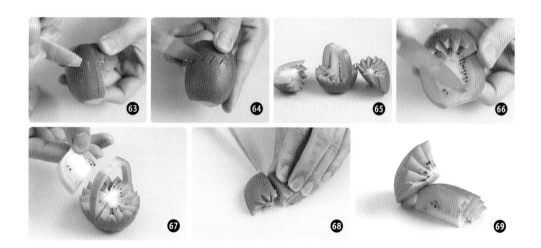

63 64 65 66
67 68 69

切法二

1. 取一猕猴桃，如图修整（图⑦）。

2. 在猕猴桃侧面，如图切下（图⑦ ～ 图⑦）。

3. 在侧面间距均匀同上切开（图⑦ ～ 图⑦）。

4. 如图切片即成（图⑦、图⑦）。

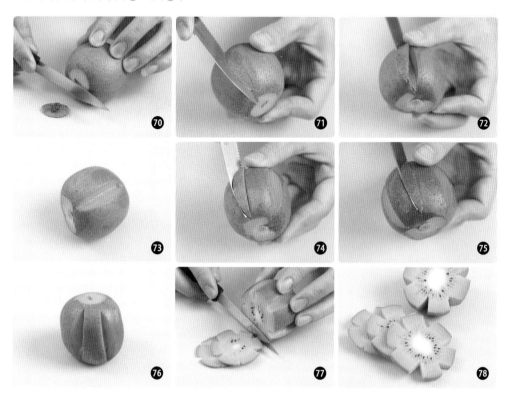

70 71 72
73 74 75
76 77 78

苹果

切法一

1. 取苹果一个，如图切片（图⑦⑨～图⑧①）。

2. 将苹果片如图去三边（图⑧②）。

3. 将其用雕刀如图切出取下（图⑧③、图⑧④）。

4. 换个方向，将其切成薄厚均匀的片（图⑧⑤、图⑧⑥）。

5. 用手整理后捏紧，捻开成扇形（图⑧⑦）。

6. 成品如图所示（图⑧⑧）。

切法二

1. 如图所示，将苹果向左、向右各倾斜切一下，切透，不需太深（图⑧⑨）。

2. 同样的方法切下去，依次加宽、加深（图⑨⓪～图⑨②）。

3. 依次向上推起（图⑨③）。

4. 成品如图所示（图⑨④）。

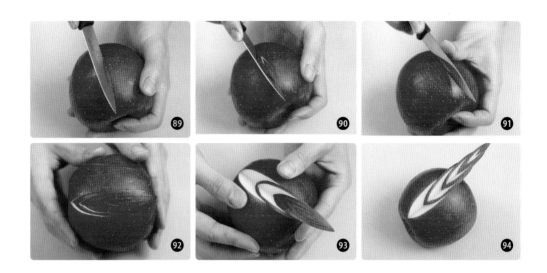

切法三

1. 将苹果用上文介绍的切法进行制作，并取出（图⑨⑤、图⑨⑥）。
2. 留最大的一片，其余取出，并从中间切开（图⑨⑦～图⑨⑨）。
3. 将这两部分放回原位，并向两边推开（图⑩⑩、图⑩①）。
4. 成品如图所示（图⑩②、图⑩③）。

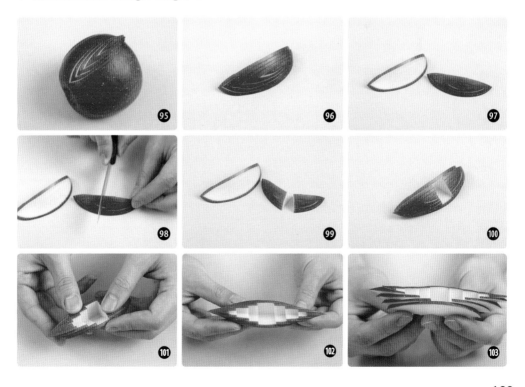

水果皇后

蛋糕成品示意图
可根据自己的喜好随意配色

制作过程

1. 根据第一章介绍的制作方法，首先制作出一个直面，在其顶面挤出一圈大小均匀的圆球（图①、图②）。

2. 准备好适量菠萝、黄桃、火龙果、草莓、红提、蓝莓、青提、树莓、猕猴桃（图③）。

3. 将菠萝平均分为 4 小块，黄桃分为 6 小块，火龙果切成如图所示的扇形（图④～图⑥）。

4. 此款蛋糕水果为凌乱式摆法，颜色搭配合理即可，火龙果摆法如图所示（图⑦）。

5. 黄桃、草莓、菠萝的摆法均如图所示，仅作参考，具体摆法可自行创新（图⑧、图⑨）。

6. 依次用红提、蓝莓、青提、树莓、猕猴桃等水果丰富蛋糕的中间部分（图⑩、图⑪）。

7. 装饰上巧克力配件（图⑫）。

8. 成品如图所示（图⑬）。

蛋糕成品示意图
根据自己的喜好随意配色

126

制作过程

1. 根据第一章介绍的制作方法，首先制作出一个直面，用缺口嘴左右往返制作出如图的装饰纹路（图①～图③）。

2. 在奶油装饰纹路上点缀少许坚果碎（图④）。

3. 此款采用分点式摆法，在准备放水果的地方，挤上用于固定水果的奶油球（图⑤）。

4. 准备好适量的草莓、蓝莓、树莓、青提（图⑥）。

5. 将草莓一分为二，摆放在奶油球上，如图所示（图⑦、图⑧）。

6. 将蓝莓摆放于草莓前方，将树莓摆放于蓝莓旁边（图⑨～图⑫）。

7. 在水果四周用裱花袋简单点缀奶油，并用剩余水果装饰（图⑬）。

8. 用果膏稍加点缀，平衡空白（图⑭）。

9. 在直面底部约 1.5 厘米处点缀上部分坚果碎（图⑮）。

10. 成品如图所示（图⑯）。

扫一扫，看视频

蛋糕成品示意图
可根据自己的喜好随意配色

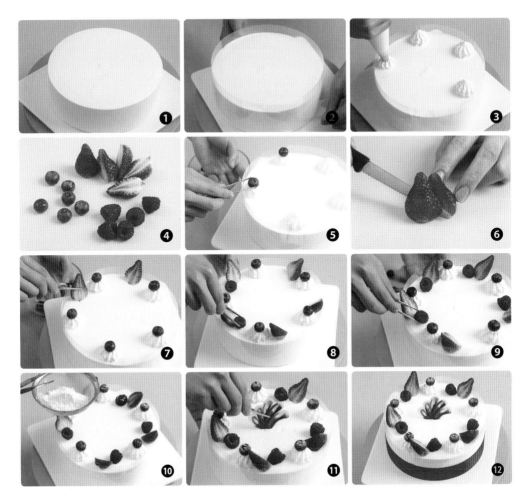

制作过程

1. 根据第一章介绍的制作方法，首先制作出一个直面（图①）。

2. 用塑料围边将蛋糕围住（图②）。

3. 用锯齿嘴间距均匀地做上奶油装饰，如图所示（图③）。

4. 准备好适量的草莓、蓝莓、树莓（图④）。

5. 将蓝莓放置于奶油装饰上（图⑤）。

6. 将草莓一分为二，倾斜置于奶油装饰之间（图⑥、图⑦）。

7. 将树莓摆放于草莓旁（图⑧、图⑨）。

8. 根据自己的口味，在水果上筛上适量糖粉（图⑩）。

9. 取一巧克力配件置于水果中央（图⑪）。

10. 用彩色丝带做底部装饰即可（图⑫）。

甜蜜滋味

扫一扫，看视频

蛋糕成品示意图
可根据自己的喜好随意配色

制作过程

1. 根据第一章介绍的制作方法，首先制作出一个直面（图①）。

2. 将融化的巧克力倒在大理石板上，开始制作巧克力棒（图②）。

3. 用铲刀将巧克力抹平，抹到图中的状态就可以了（图③、图④）。

4. 将巧克力随意铲起，就会自然卷起成巧克力棒（图⑤）。

5. 将巧克力棒均匀地贴于侧面，贴满一整圈，并筛上一些糖粉（图⑥、图⑦）。

6. 准备好适量的草莓、黄桃、红提、树莓（图⑧）。

7. 将草莓一分为二后如图摆放一圈，黄桃切开后摆放在草莓圈中（图⑨、图⑩）。

8. 红提切掉一部分后随意摆放，树莓沾糖粉和蓝莓点缀其中（图⑪～图⑬）。

9. 放上巧克力装饰件（图⑭）。

10. 在蓝莓上挤上透明果膏，将透明果膏依次刷在其他水果上，放上一个装饰牌即成（图⑮、图⑯）。

蜜糖巧克力

蛋糕成品示意图
可根据自己的喜好随意配色

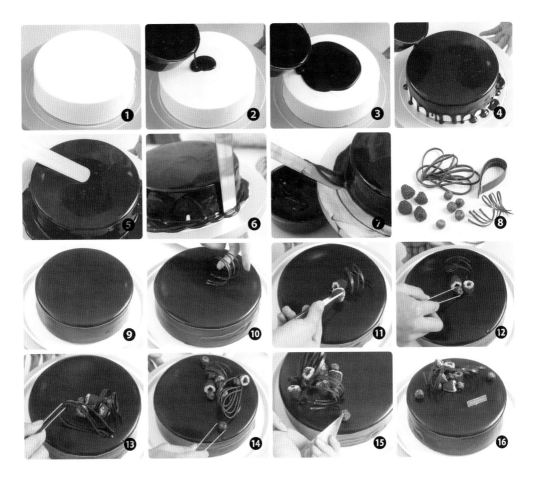

制作过程

1. 根据第一章介绍的制作方法，首先制作出一个直面（图①）。

2. 将巧克力淋酱淋在直面上（图②、图③）。

3. 转动转盘，让淋酱自动流淌覆盖（图④）。

4. 用抹刀将顶部平面和侧面抹平（图⑤、图⑥）。

5. 静止等待巧克力淋酱不再流淌，将多余的淋酱收掉（图⑦）。

6. 准备好适量的树莓、蓝莓和巧克力配件（图⑧）。

7. 将蛋糕置于托盘，并巧克力弹簧放在蛋糕上（图⑨、图⑩）。

8. 树莓沾糖粉，如图摆放，将蓝莓摆放在树莓旁边（图⑪、图⑫）。

9. 巧克力配件如图摆放（图⑬）。

10. 将剩余树莓、蓝莓在外围点缀，将透明果膏点在蓝莓上（图⑭、图⑮）。

11. 插好装饰牌，成品如图所示（图⑯）。

九宫格切块

蛋糕成品示意图
可根据自己的喜好随意配色

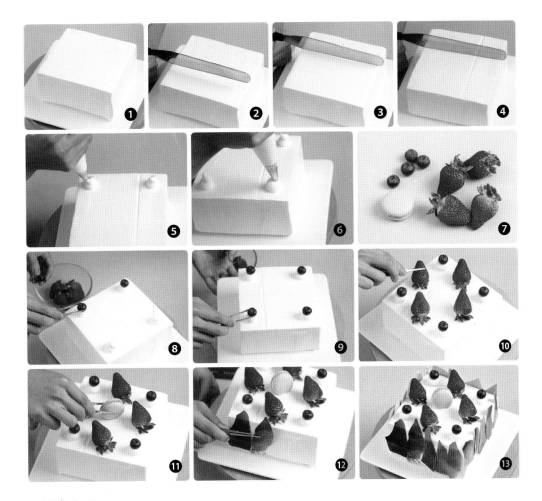

制作过程

1. 制作一个方形面（图①）。

2. 用抹刀将顶部平面平均分成九个格子（图②～图④）。

3. 在四个角处用锯齿嘴制作奶油托（图⑤、图⑥）。

4. 准备好适量蓝莓、草莓和马卡龙巧克力配件（图⑦）。

5. 在奶油托上放上适量蓝莓（图⑧、图⑨）。

6. 每两个蓝莓之间倾斜放上草莓（图⑩）。

7. 在正中间格子放上一个马卡龙（图⑪）。

8. 侧面贴上准备好的巧克力配件（图⑫）。

9. 成品如图所示（图⑬）。

草莓火山

蛋糕成品示意图
可根据自己的喜好随意配色

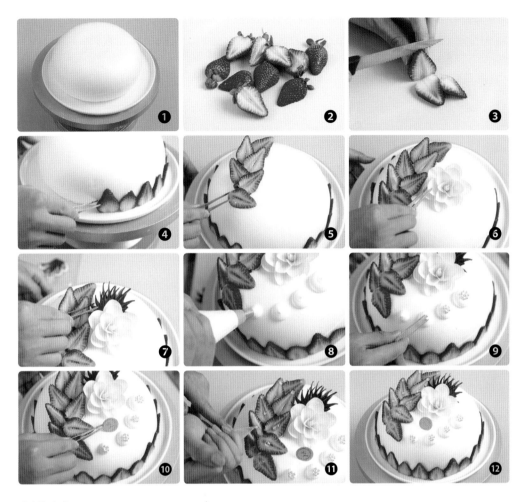

制作过程

1. 根据第一章介绍的制作方法，首先制作出一个圆面（图①）。

2. 准备好适量的草莓，切片（图②、图③）。

3. 在圆面底部贴一圈草莓片（图④）。

4. 在圆面顶部左侧将草莓片左右交叉摆放（图⑤）。

5. 在草莓旁边放上一朵巧克力花（图⑥）。

6. 将巧克力插件放在巧克力花后（图⑦）。

7. 在顶部空白处挤上几个由大到小的奶油球（图⑧）。

8. 在奶油球上点缀银珠，插上装饰牌（图⑨、图⑩）。

9. 将透明果胶点在草莓上，成品如图所示（图⑪、图⑫）。

【第六章】

惊喜
节日蛋糕

逢年过节，亲朋生日，节日蛋糕不可少。
自己动手制作吧，送的不仅是一份心意，更
是惊喜。

蛋糕成品示意图
可根据自己的喜好随意配色

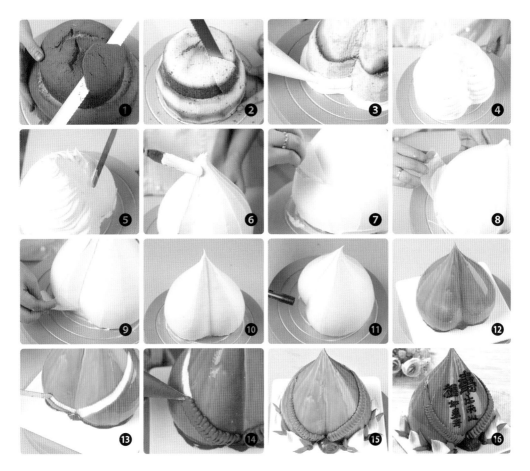

制作过程

1. 根据第一章介绍的制作方法，制作出两个大小不同的蛋糕坯子。把两个坯子放到一起削成寿桃的形状（图①、图②）。

2. 用裱花袋在蛋糕体上裱上一圈圈奶油。如图所示，包围整个蛋糕体（图③、图④）。

3. 用抹刀把蛋糕表面的奶油抹平，再用刮片把表面细细抹平（图⑤~图⑧）。

4. 中间的弧度用刮片捏成弧形抹出，然后用火枪加热把表面烧光滑即可（图⑨~图⑪）。

5. 用裱花袋将草莓味的果酱淋在蛋糕上，用抹刀除去多余果酱，如图所示（图⑫）。

6. 用刮刀在寿桃两侧刮出空隙，从中间向两侧斜上方刮起，如图所示（图⑬）。

7. 在空隙上用绿色奶油细裱挤出叶子（图⑭）。

8. 接着用褐色奶油挤出树根，在四周用白色奶油挤出小寿桃，用黄色喷粉在小寿桃上喷出渐变的黄色，并用绿色奶油挤出叶子点缀（图⑮）。

9. 在寿桃上用黑色奶油写出"寿比南山、福如东海"即成（图⑯）。

儿童节

蛋糕成品示意图
可根据自己的喜好随意配色

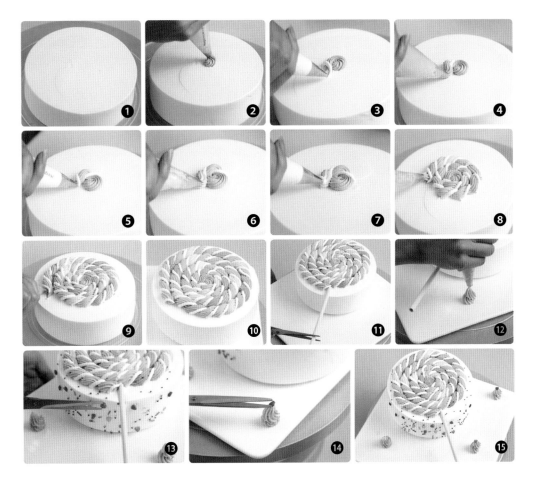

制作过程

1. 根据第一章介绍的制作方法，首先制作出一个直面（图①）。

2. 用锯齿嘴装彩色奶油在直面顶部正中间位置绕个圈（图②）。

3. 用小号圆嘴装上白色奶油，以编麻绳的手法制作下一步（图③）。

4. 锯齿嘴换颜色继续以编麻绳的手法制作（图④）。

5. 小号圆嘴继续装白色奶油，以编麻绳的手法制作（图⑤）

6. 锯齿嘴换颜色继续以编麻绳的手法制作（图⑥）。

7. 小号圆嘴装白色奶油以编麻绳的手法制作（图⑦）。

8. 以此类推，交替进行，将以上步骤重复制作到蛋糕边缘（图⑧、图⑨）。

9. 将蛋糕移动至托盘上，将棒棒糖棍如图放置（图⑩、图⑪）。

10. 托盘上夹多色奶油，用锯齿嘴制作冰淇淋点缀（图⑫）。

11. 撒糖珠，贴心形糖装点空白部分，将心形糖放在冰淇淋上即成（图⑬~图⑮）。

父亲节

蛋糕成品示意图
可根据自己的喜好随意配色

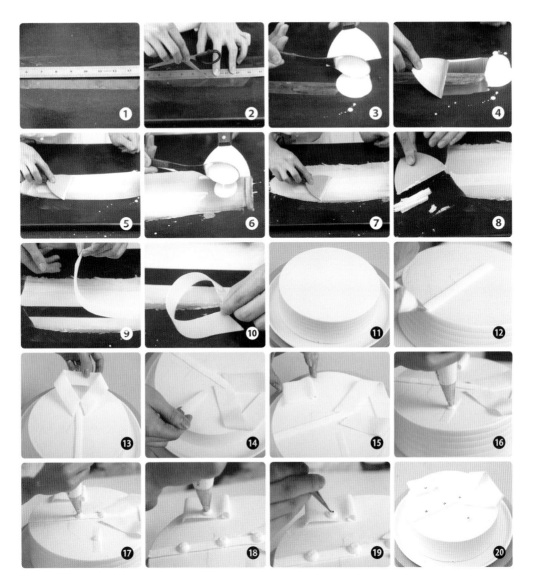

制作过程

1. 首先制作领子和袖口，将玻璃纸裁成领子、袖口形状（图①、图②）。

2. 将裁好的玻璃纸用湿布擦拭，贴在大理石板上，倒上融化的巧克力（图③）。

3. 用铲刀将巧克力抹平，抹干（图④、图⑤）。

4. 重复以上步骤（图⑥、图⑦）。

5. 将玻璃纸取出，整理成所需形状，冷却成型（图⑧～图⑩）。

6. 根据第一章介绍的制作方法，制作出一个直面（图⑪）。

7. 用扁齿嘴吊一条直线（图⑫）。

8. 放上衣领、口袋、袖口（图⑬～图⑮）。

9. 在口袋、袖口上分别用圆嘴挤上扣子，用黑细裱在扣子上点上点，白细裱连线即成（图⑯～图⑳）。

圣诞节

蛋糕成品示意图
可根据自己的喜好随意配色

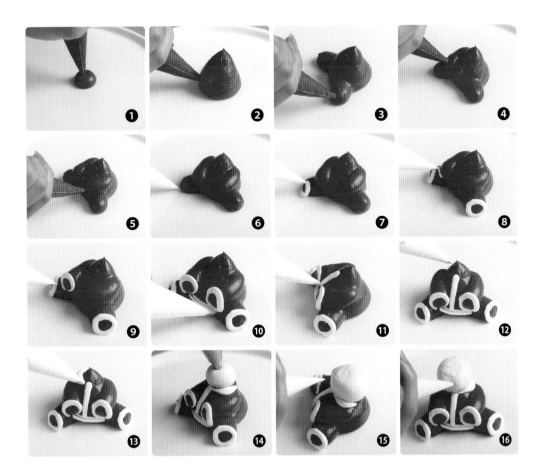

制作过程

1. 用小圆嘴在托盘上挤出圣诞老人的身体（图①）。

2. 在身体底端两侧挤出两条腿，在身体中上部两侧挤出两个胳膊（图②～图⑤）。

3. 用白细裱描出裤边和袖口（图⑥～图⑨）。

4. 用白细裱由左至右挤出衣服的下摆（图⑩）。

5. 用白细裱在中间制作出门襟，用白细裱在上面制作领口扣子（图⑪～图⑬）。

6. 在领口上用小圆嘴装肉色奶油，挤一个圆球做头（图⑭）。

7. 用肉色细裱，在脸部中线左右两侧各吹出一个腮（图⑮、图⑯）。

8. 在两腮下方正中间，用肉色细裱吹出下巴（图⑰）。

9. 在两腮上方正中间，用肉色细裱挤出小圆球做鼻子（图⑱）。

10. 头部两侧用肉色细裱挤出耳柱，在耳柱边缘描出耳线（图⑲、图⑳）。

11. 从右耳下方到下巴，再到左耳，用白细裱由小到大再到小挤出胡须（图㉑、图㉒）。

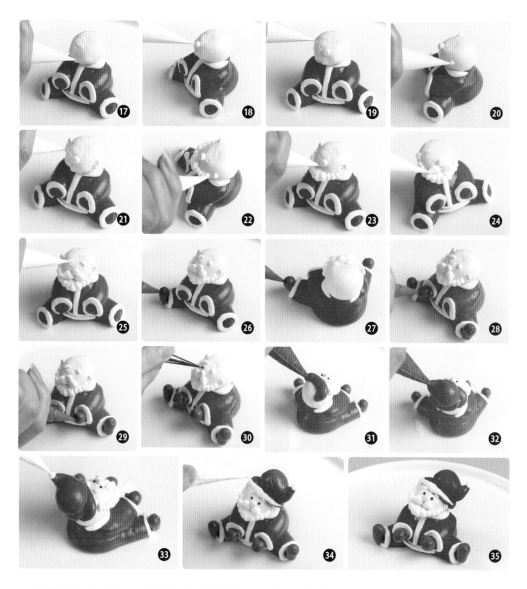

12. 在鼻子下方，用白细裱制作"八"字胡（图㉓、图㉔）。

13. 用白细裱制作出眉毛，用较深的颜色制作出鞋子（图㉕～图㉗）。

14. 在袖口处挤出一个圆柱，在圆柱上挤出一个小圆柱做手套（图㉘、图㉙）。

15. 用巧克力线膏点出眼睛（图㉚）。

16. 用大红色给圣诞老人做出帽子。先在头顶绕一个圆圈，在圆圈中间挤出帽子（图㉛、图㉜）。

17. 用白细裱点上一个小圆球，用白细裱围出一个帽边即成（图㉝～图㉟）。

18. 成品如示意图。

【第七章】

精致
翻糖蛋糕

翻糖可以做成各种各样的形状，是美食，
更是一种艺术。无论节日、纪念日、生日，
来一款精致的翻糖蛋糕，都是绝佳的选择。

翻糖从头学

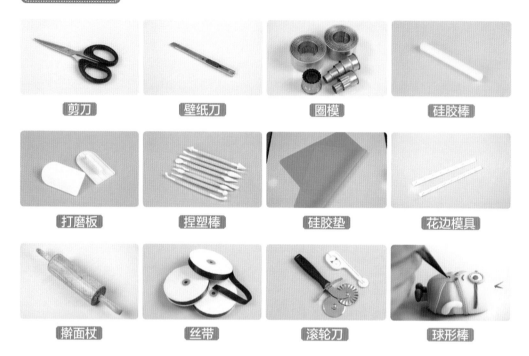

剪刀　　　　壁纸刀　　　　圈模　　　　硅胶棒

打磨板　　　捏塑棒　　　　硅胶垫　　　花边模具

擀面杖　　　丝带　　　　　滚轮刀　　　球形棒

翻糖皮的制作

材料

吉利丁片 20 克，糖粉 1000 克，葡萄糖浆 50 克，白油 80 克，柠檬汁 10 毫升。

制作过程

1. 准备好所需材料。将吉利丁片提前 30 分钟浸泡在冷水中（图①）。
2. 将过筛后的糖粉置于案板上，备用（图②）。
3. 将葡萄糖浆倒在一大容器中，倒入白油、柠檬汁，隔温水融化（图③、图④）。
4. 放入泡好的吉利丁片，搅拌均匀，直至液体呈现乳白色（图⑤）。
5. 将搅拌好的材料放入冷冻柜，直至将材料冷冻成不粘手的颗粒状。
6. 将冷冻好的材料取出，在案板上的糖粉中间挖一个井，倒入冷冻好的材料，揉成面团后继续揉，揉至面团光滑即可（图⑥、图⑦）。

蛋白霜

材料

糖粉 250 克，鸡蛋 1 个（约 60 克，取蛋白），柠檬汁 10 毫升。

制作过程

1. 准备好所需工具及材料（图⑧）。

2. 分离蛋白与蛋黄。糖粉过筛后放入容器，加入蛋白、柠檬汁（图⑨、图⑩）。

3. 用手动打蛋器搅拌均匀，搅拌至液体呈白色即可（图⑪）。

翻糖皮包面

制作过程

1. 取白色翻糖皮，用擀面杖擀薄（图⑫）。

2. 用手从上向下将翻糖皮均匀地贴在蛋糕表面，用剪子剪去多余的翻糖皮，同时可借助打磨板将翻糖皮抹平（图⑬、图⑭）。

3. 翻糖皮抹平后，用滚轮刀将多余边缘切掉即可（图⑮）。

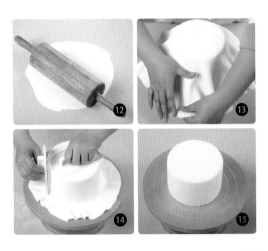

柏拉图的永恒

所需工具 玻璃纸、擀面杖、美工刀、模具、压模、绿铁丝、绿胶带、棕色丝带、上下层泡沫蛋糕假体等。

所需翻糖皮 白色翻糖皮、绿色翻糖皮。

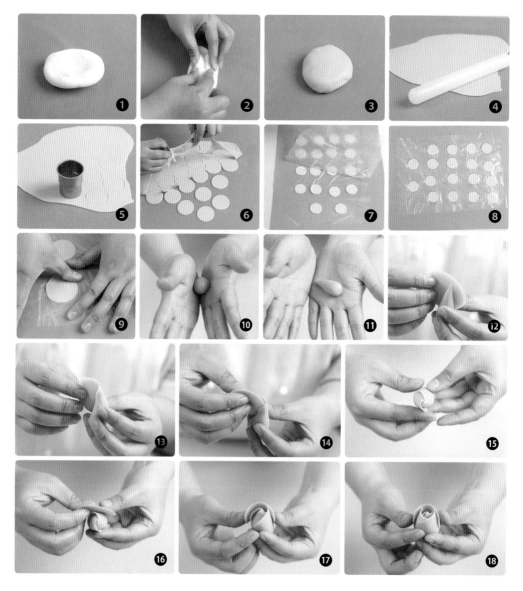

152

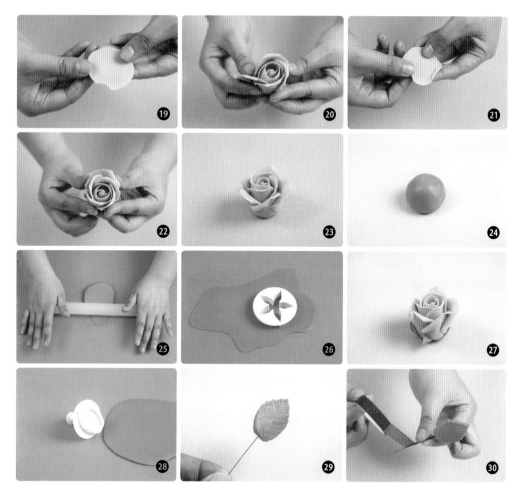

制作过程

1. 翻糖皮制作完成后，滴几滴红色色素，揉匀，使翻糖皮呈粉色（图①～图③）。

2. 用擀面杖将翻糖皮擀成厚度约 2 毫米的片（图④）。

3. 用圆形模具在翻糖皮上扣出圆形面片，然后去掉多余翻糖皮（图⑤、图⑥）。

4. 将圆形面片放在两张玻璃纸之间，注意摆放圆形面片时要整齐，间距不能太近（图⑦、图⑧）。

5. 利用手指的弧度，将圆形面片压成中间厚，边缘薄的状态（图⑨）。

6. 制作花蕊：先取一小块翻糖皮搓圆，然后再搓成水滴状，当作花蕊（图⑩、图⑪）。

7. 制作第一层花瓣：先取一片圆形面片，将其一半包于水滴翻糖皮的尖端上，将第二片圆形面片置于第一片剩余的一半处。如图所示，即第一层花瓣的制作是将两片圆形面片旋转相包在水滴翻糖皮尖端上（图⑫～图⑮）。

8. 制作第二层花瓣：取三片圆形面片，将其均匀地包住花蕊，每个花瓣约包在前一瓣的一半处（图⑯～图⑱）。

9. 制作第三层花瓣需要四片圆形面片，先将每片圆形面片的上面、左面、右面用手在其边缘卷出花边，再均匀地包住花蕊。每个花瓣约包在前一瓣的 1/3 处，方向向里（图⑲、图⑳）。

10. 制作第四层花瓣需要 5～6 片圆形面片，先将圆形面片卷边，再均匀地包住花蕊。完成后将花瓣整形（图㉑～图㉓）。

11. 取绿色翻糖皮，用擀面杖擀成薄片，取模具压出花萼，将其用美工刀放置在花瓣底部（图㉔～图㉗）。

12. 取绿叶模具，在绿色翻糖皮上压出叶子，取绿铁丝作花枝将其扎进树叶里，然后将树叶进行整形，取绿色胶带缠绕于花枝，备用（图㉘～图㉚）。

13. 取上下两层泡沫蛋糕假体，将其包好翻糖皮（图㉛）。

14. 取棕色丝带在每层蛋糕的底部缠绕作装饰（图㉜）。

15. 制作充足数量的玫瑰花与树叶（图㉝、图㉞）。

16. 将做好的花朵、树叶用铁丝花枝扎在蛋糕合适的位置，整体美观、大方即可（图㉟～图㊴）。

倾世之恋

所需工具 擀面杖、玻璃纸、圆形
模具（大小两个）、牙签、剪刀等。

所需翻糖皮 米黄色翻糖皮、白
色翻糖皮、淡绿色翻糖皮、浅绿色翻糖皮。

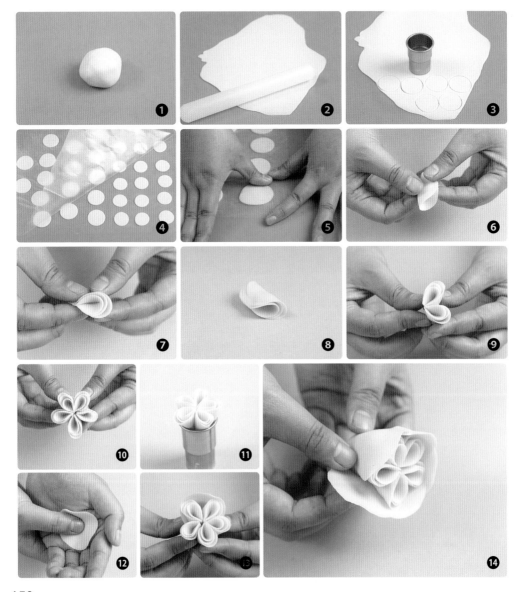

156

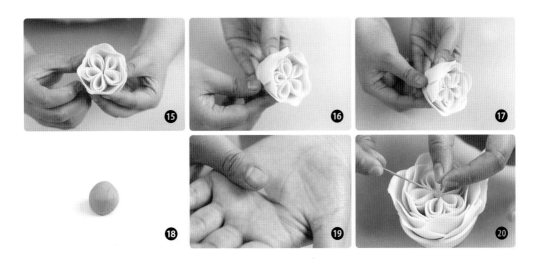

制作过程

1. 将准备好的米黄色翻糖皮用擀面杖擀成厚度约 2 毫米的片（图①、图②）。

2. 用大小两个圆形模具分别在擀好的翻糖皮上扣出圆形面片，然后去掉多余翻糖皮，将扣好的圆形面片整齐、有序地摆放在两张玻璃纸之间（图③、图④）。

3. 利用手指的弧度，将圆形面片压成中间厚、边缘薄的状态（图⑤）。

4. 制作 5 组花瓣的花蕊：选用三片小圆形面片为一组，将三片小圆形面片一片挨着一片对折，然后将其接口处用剪刀剪规整些。用同样的操作手法制作余下 4 组花瓣，最后将 5 组花瓣的接口处粘在一起，形成完整的花蕊（图⑥～图⑪）。

5. 制作第一层花瓣：取 5~6 片圆形面片，将每一片圆形面片放在手心处，用拇指按压中心，将其压薄，使其放在圆形的小球上可以形成一个弧度。制作完成后，将花瓣均匀地包在花蕊上。注意每一瓣花瓣约包住花蕊中的两组花瓣，后一瓣花瓣约在前一瓣花瓣的 1/3 处（图⑫～图⑮）。

6. 用同样的制作手法制作第二层和第三层花瓣。注意每层花瓣可与前一层花瓣错开，整体花瓣需 3～4 层（图⑯、图⑰）。

7. 取一点绿色翻糖皮，搓成条，然后将其两端部分搓细，将两端细的部分取出作花蕊，重复此动作，制作足够的花蕊，然后将花蕊用牙签整合到花蕊的中心处（图⑱～图⑳）。

8. 取白色翻糖皮，用擀面杖擀成圆形，用圆形模具的前 1/3 处在圆形翻糖皮的边缘处按压，注意按压花边的距离要一致，后一个花边要挨着前一个花边的收尾处（图㉑、图㉒）。

9. 取上下两层的泡沫蛋糕假体，将制作完成的白色翻糖皮花边装饰在上层的泡沫蛋糕上面，然后用打磨板抹平整。如图所示，用装有淡绿色奶油的裱花袋在白色弧形花边的下面做装饰（图㉓、图㉔）。

10. 取淡绿色、浅绿色、白色翻糖皮，用擀面杖将其分别擀薄，并将其裁成长条状，用球棒将其花边压薄，并形成自然裙边褶皱的形状（图㉕～图㉗）。

11. 制作足够的花边装饰，然后按照颜色的变化，用塑形笔将花边依次缠绕在下层泡沫蛋糕上装饰（图㉘）。

12. 将上下两层泡沫蛋糕组合（图㉙）。

13. 将制作的花朵（米黄色、绿色皆可，可根据自己的喜好随意选择）用铁丝花枝扎在蛋糕合适的位置，整体美观、大方即可（图㉚～图㉜）。

159

所需工具 擀面杖、工具尺、美工
刀、打磨板、捏塑笔、花朵模具等。

所需翻糖皮 白色翻糖皮、蓝色
翻糖皮。

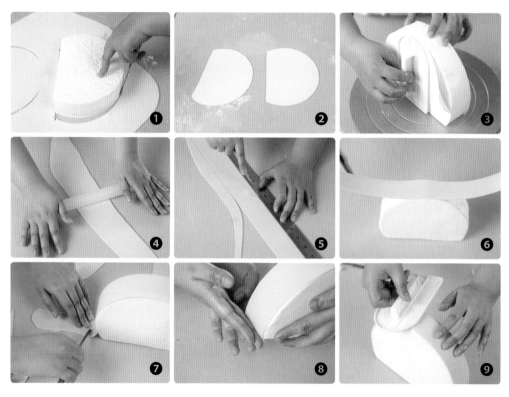

制作过程

1. 取圆形泡沫蛋糕假体，去除平行于直径的一小部分泡沫蛋糕，如图所示，使其形成类似于贝壳包的形状，也可以直接在市面上购买（图①）。

2. 取白色翻糖皮，用擀面杖擀薄，根据泡沫蛋糕模具裁出同样大小的两个半圆。将两张半圆片包在泡沫蛋糕的半圆面上，用打磨板抹平（图②、图③）。

3. 取蓝色翻糖皮，用擀面杖擀薄，用工具尺先量出泡沫蛋糕弧形部分的宽度，然后用美工刀在翻糖皮上裁出合适的糖片，将糖片包在泡沫蛋糕的弧形面上，去掉多余的翻糖皮，用手

按压两端后，用打磨板抹平（图④～图⑨）。

4. 取蓝色翻糖皮，用擀面杖擀薄，用美工刀裁出与上述糖片相同宽度的翻糖皮，将其组装在包好的蓝色翻糖皮的中间位置（图⑩）。

5. 接下来制作点缀的花朵。取蓝色翻糖皮擀薄，裁成长条，如图所示，捏成圆形花朵的形状（图⑪、图⑫）。

6. 取白色翻糖皮擀薄，用花朵模具压出花朵，去除多余翻糖皮，取捏塑笔将其边缘压薄，压出花边（图⑬、图⑭）。

7. 将白色小花组装在制作好的蓝色花朵上。取小团白色翻糖皮，压成圆形，用毛笔柄端按几个凹形，然后用毛笔在其表面刷上金色的色粉，组装在白色小花上（图⑮～图⑱）。

8. 将白色的珍珠装饰在涂有金色色粉的圆片上（图⑲、图⑳）。

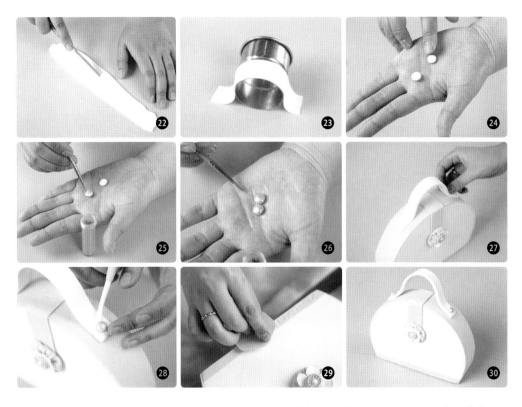

9. 将制作完成的花朵组装在蛋糕的一个半圆面上的蓝色翻糖皮末端，如图所示（图㉑）。

10. 接下来制作包的提手及扣子装饰。取白色翻糖皮擀薄，用美工刀裁出合适的长条，放在放倒的圆形模具上将其按压出半圆弧形的形状（图㉒、图㉓）。

11. 取两小团白色翻糖皮搓圆，用手稍按压，用毛笔在小球上涂上金色色粉（图㉔～图㉖）。

12. 然后将制作好的提手组装在蛋糕的弧形处，金色扣子装饰组装在提手的两端处，如图所示（图㉗、图㉘）。

13. 取蓝色面团擀薄，用美工刀裁成合适的长条状装饰在蛋糕圆面的下方，即直线的位置，然后取模具在翻糖皮上压出装饰花纹。制作 Chanel 的标志组装在花朵下方即成（图㉙、图㉚）。

所需工具 擀面杖、打磨板、美工刀、模具、捏塑笔等。

所需翻糖皮 红色翻糖皮、灰色翻糖皮、黑色翻糖皮、蓝色翻糖皮。

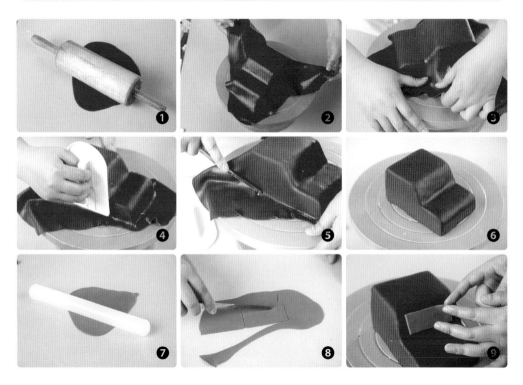

制作过程

1. 取泡沫蛋糕，将其削成车型模具。

2. 取足够的红色翻糖皮，用擀面杖擀薄，包在车型模具上，用手从上向下将翻糖皮均匀地贴在模具表面，同时可借助打磨板将其抹平，用美工刀切除多余部分（图①～图⑥）。

3. 取灰色面团擀薄，用美工刀裁出大小合适的长方形，组装在车前部合适位置，当作车的前挡风玻璃（图⑦～图⑨）。

4. 取黑色翻糖皮，搓成细长条，围绕前挡风玻璃一周。另取黑色翻糖皮搓成细长条，分成4小段，其中2段要比另外2段稍细些，将其组装成刮水器，如图所示（图⑩～图⑫）。

5. 取灰色翻糖皮擀薄，用美工刀裁出大小合适的直角梯形，组装在车外部合适的位置，当作车的前车门玻璃（图⑬、图⑭）。

6. 接下来用黑色翻糖皮和灰色翻糖皮制作车轮。将黑色翻糖皮分成4部分，搓圆，用模具柄端在其两面压一个略凹进去的圆。取灰色面团擀薄，用圆形模具压出圆片，将压好的灰色圆片放在黑色圆片凹进去的位置上，用捏塑笔压出规整印迹，中间点缀上珍珠作为车轮的轴。取灰色翻糖皮搓成长条，围绕灰色圆片一周。制作完成后，将轮胎组装在车身合适的位置（图⑮～图⑳）。

7. 取黑色翻糖皮，搓成直角梯形的形状，安装在车身合适的位置当做车的后视镜（图㉑）。

8. 取红色翻糖皮，裁切成合适的长度、宽度、厚度，安装在车轮的上方，用捏塑笔进行塑形，做成挡泥板（图㉒、图㉓）。

9. 取黑色翻糖皮搓成若干个细条，安装在车前合适的位置，用捏塑笔塑形，做成散热器栅

栏（图㉔）。

10. 取黑色翻糖皮，搓成长条，围绕车底部一圈（车前留出车牌的位置）（图㉕）。

11. 制作车前大灯，用白色和灰色的圆形小圆片组装在车前合适的位置（图㉖）。

12. 取蓝色翻糖皮擀薄，裁出大小合适的长方形翻糖皮，安装在车牌的位置，并在车牌的左面、右面、上面用黑色翻糖皮装饰（图㉗）。

13. 在车牌斜上方安装雾灯，雾灯使用灰色圆片和黑色细条组装而成，即用黑色细条在灰色圆片周围缠绕一周（图㉘）。

14. 取黑色翻糖皮擀薄，铺在车顶，露出挡风玻璃和车门玻璃，用剪刀减去多余翻糖皮。用装有白色蛋白霜的裱花袋在车大灯中间写上"jeep"和任意车牌号的字样即可，如图所示（图㉙ ～ 图㉞）。

圣诞老人

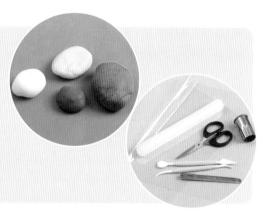

所需工具 擀面杖、捏塑笔、模具、丝带等。

所需翻糖皮 红色翻糖皮、肉色翻糖皮、白色翻糖皮、灰色翻糖皮。

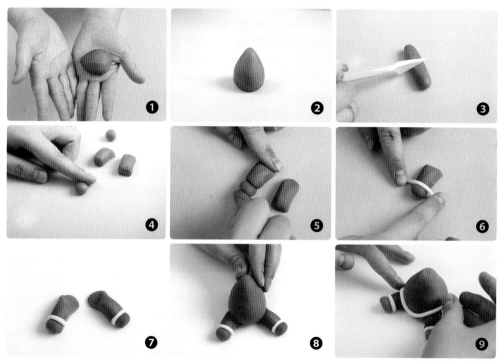

制作过程

1. 制作圣诞老人的身体：取红色翻糖皮搓成水滴形状，即成圣诞老人的身体（图①、图②）。

2. 制作圣诞老人的双腿和双脚：取红色翻糖皮搓成长条，用捏塑笔切成两半，然后用笔在切口处压成斜面。取灰色面团，搓成两个小圆球，将小圆球一面压平，组装在红色翻糖皮的一端（切口的另一端）。取白色面团，搓成细条，将其围绕在灰色和红色面团的接口处（图③～图⑦）。

3. 将制作好的部分进行组装，将身体的一端处安装在双腿斜面处。取白色面团搓成细长条，围绕在身体下面的弧形处，如图所示（图⑧、图⑨）。

4. 制作圣诞老人的手臂和双手：取红色翻糖皮搓成长条，切成两半。取肉色翻糖皮，搓成长短合适的长条，切成两半。将肉色翻糖皮组装在红色翻糖皮的一端（切口的另一端），用捏塑笔在肉色翻糖皮上按压手指印迹。取白色翻糖皮，搓成细条，将其围绕在肉色和红色翻糖皮的接口处，拼接在身体上（图⑩～图⑬）。

5. 制作圣诞老人的头部：取肉色翻糖皮，搓成椭圆形，中间部分用手指指腹稍稍按压，安装在身体上，用手整形（图⑭、图⑮）。

6. 制作圣诞老人的胡子：取相应的模具在擀薄的白色翻糖皮上压出相应形状，用捏塑笔去掉形状的 1/4，如图所示，将大白胡子缺口处组装在头部合适的位置，形成络腮胡的形状。取两小块白色翻糖皮搓成长条，将其一端搓尖，向上翘起，形成八字胡的形状，将制作好的一对胡子安装在白色络腮胡的中心切口处。取肉色小面团组装在胡子中心处作鼻子（图⑯～图⑳）。

7. 制作圣诞老人的帽子：取红色翻糖皮擀薄，用美工刀裁成等腰梯形的形状。将梯形长边围绕在头部，顶部捏尖，并将其帽子顶部歪成一个弧度。取白色翻糖皮搓成长条围绕在帽子底部一圈，再取白色翻糖皮搓圆，安装在帽子最顶部处（图㉑～图㉓）。

8. 取合适的捏塑笔制作圣诞老人的眼睛、嘴巴，如图所示（图㉔、图㉕）。

9. 制作适量装饰物，如圣诞老人、雪人、圣诞树、充足数量的绿叶、红色的小球、棒棒糖、小礼物盒等（图㉖）。

10. 准备上下两层的泡沫蛋糕假体，用绿色丝带在上下两层泡沫蛋糕底部围绕一圈（图㉗）。

11. 将圣诞树放置在蛋糕上层。将三片绿叶组合粘在合适的位置，将粘在一起的三个红色小球安装在组合的绿叶中心处，如图所示（图㉘～图㉚）。

12. 将圣诞老人、雪人、棒棒糖、礼物盒等摆放在合适的位置即成（图㉛～图㉝）。

所需工具 捏塑笔、擀面杖、滚轮
刀、叶子模具等。

所需翻糖皮 黄色翻糖皮、棕色
翻糖皮、黑色翻糖皮、绿色翻糖皮、深绿色
翻糖皮。

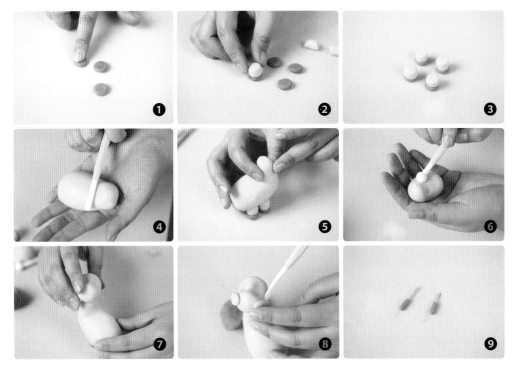

制作过程

1. 取棕色翻糖皮分成 4 小节，搓圆，按扁。取黄色翻糖皮搓成条，分成四节，用手搓成腿。将双腿和双脚组装（图①～图③）。

2. 取黄色翻糖皮搓成椭圆形，其中一端要稍细，用捏塑笔和手整形成长颈鹿的脖子（图④、图⑤）。

3. 制作长颈鹿的头部：取黄色翻糖皮搓成椭圆形，用捏塑笔在面部眼睛处按压两个凹形。将头部与脖子组装，并在面部脸颊处各贴一个黄色小圆片（图⑥～图⑧）。

4. 制作长颈鹿的鹿角：取棕色翻糖皮搓成两个小长条，用牙签将其组装在头部合适的位置（图

⑨、图⑩）。

5. 取黑色翻糖皮搓成两个小黑球，安装在眼睛合适的位置（图⑪）。

6. 取棕色翻糖皮擀薄，用滚轮刀切成不规则碎片状，将其随意粘在身体上（图⑫~图⑮）。

7. 取绿色翻糖皮擀薄，将其包在泡沫蛋糕上，用手压平。将少许绿色翻糖皮搓成长条，将其做成树藤的形状装饰在蛋糕上。再取深绿色面团擀薄，去掉多余的翻糖皮，将裁好的翻糖皮均匀地铺在蛋糕上（图⑯~图㉑）。

8. 制作装饰用的竹篮：取棕色翻糖皮搓成合适长度的长条，对折后将两长条交叉缠绕，将
两端黏结。根据上述制作方法，制作出 3 个同样的棕色圆圈，叠在一起。再制作 1 个半圆
形的竹篮提手。将提手和竹篮组装（图㉒～图㉕）。

9. 制作其余的装饰：狮子、大象、玉米、茄子（图㉖、图㉗）。

10. 将制作好的狮子、大象、前文制作的长颈鹿装饰在蛋糕上（图㉘～图㉚）。

11. 取绿色翻糖皮擀薄，用叶子模具在翻糖皮上压出叶子模型，用捏塑笔将叶子装饰在树藤
上（图㉛、图㉜）。

12. 将制作好的竹篮、茄子、玉米装饰在蛋糕上（图㉝、图㉞）。

13. 在蛋糕侧面制作猴子即可，如图所示（图㉟～图㊲）。

青花瓷

所需工具 擀面杖、圆形模具、定型工具、打磨板。

所需翻糖皮 白色翻糖皮、蓝色翻糖皮。

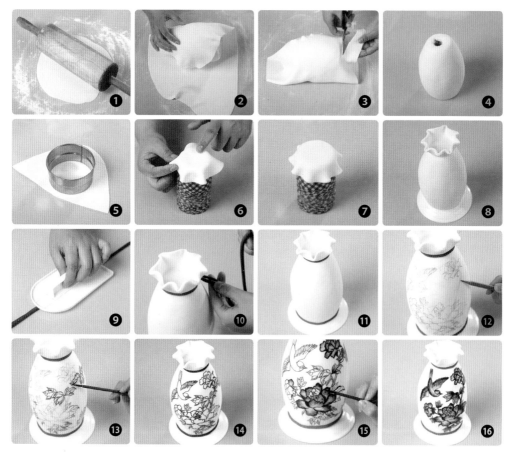

制作过程

1. 提前削好青花瓷的模具，将擀薄的白色翻糖皮包在模具上，剪去多余的翻糖皮，用打磨板抹平翻糖皮，捏紧收口处（图①～图④）。

2. 取白色翻糖皮擀薄，用圆形模具扣出圆片，将圆片均匀放在定型工具上，用手整形成瓶口褶皱，褶皱之间的距离要一致（图⑤～图⑦）。

3. 将定型好的瓶口装在瓶身上，开口处向上（图⑧）。

176

4. 取蓝色翻糖皮搓成长细条，用打磨板抹平，将其围绕在瓶口与瓶身、瓶底与瓶身的接口处（图⑨～图⑪）。

5. 用毛笔或铅笔在瓶身上画好底稿，然后用蓝色的毛笔在底稿上绘出线条轮廓，线条之间要组成出色块。继续用蓝色的毛笔在图案中画出颜色的渐变（图⑫～图⑯）。

蛋糕实例赏析

所需工具 擀面杖、美工刀、剪刀、牙签、圆形模具、捏塑笔等。

所需翻糖皮 白色翻糖皮、黄色翻糖皮、蓝色翻糖皮、深灰色翻糖皮、浅灰色翻糖皮。

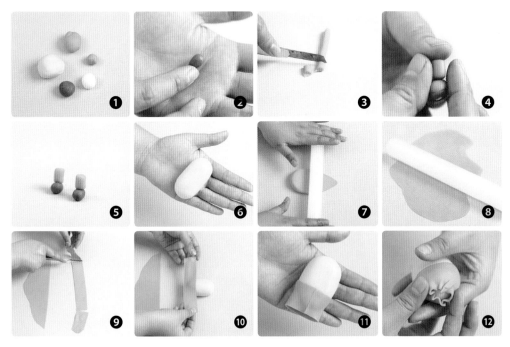

制作过程

1. 准备好所需的翻糖皮：白色翻糖皮、黄色翻糖皮、蓝色翻糖皮、深灰色翻糖皮、浅灰色翻糖皮（图①）。

2. 制作小黄人的双腿和双脚：取两小团深灰色翻糖皮，搓成椭圆形做成双脚。取蓝色翻糖皮，搓成长条，用美工刀切两小段，用手整形成圆柱形做成双腿。将双腿和双脚进行组装（图②～图⑤）。

3. 取黄色翻糖皮，搓成椭圆形做成小黄人的身体（图⑥）。

4. 制作背带服饰：取蓝色翻糖皮擀薄，用美工刀裁成大小合适的长方形，均匀的黏结在身体 1/3 的位置，用手捏紧收口处；再取蓝色翻糖皮擀薄，裁成合适的形状，黏结在蓝色翻糖

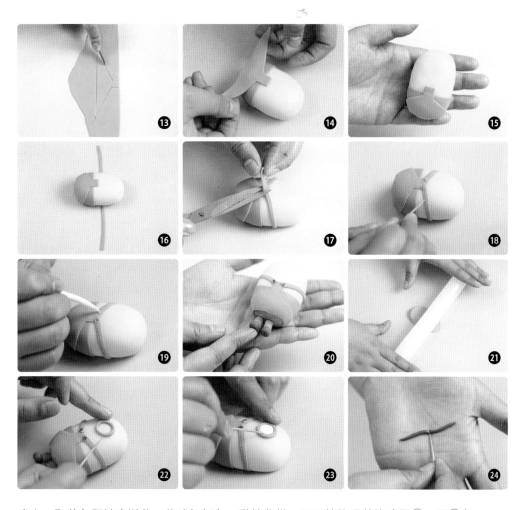

皮上。取蓝色翻糖皮擀薄，裁成细长条，黏结背带，用牙签扎眼装饰（图⑦～图⑱）。

5. 取捏塑笔在背带的黏结处扎眼，然后用深灰色的小球状翻糖皮装饰在背带扎眼处，并按装上双腿双脚（图⑲、图⑳）。

6. 制作小黄人的镜框、眼睛、嘴巴：取浅灰色翻糖皮擀薄，用大小不同的圆形模具压出镜框，组装在面部合适的位置。取白色翻糖皮擀薄，用小的圆形模具压出眼睛，安装在镜框中。取深灰色翻糖皮搓成细长条，安装在镜框两侧，每侧由两条细长条组成。再取深灰色翻糖皮，搓成细长条，两端搓细些，用牙签安装在嘴巴的位置。最后用深灰色翻糖皮搓成眼球，安装在眼睛中（图㉑～图㉖）。

7. 制作小黄人的手臂、头发以及标志"C"：取黄色翻糖皮搓细条，用牙签分成两半，将其黏在身体两侧，用捏塑笔塑形。取浅灰色翻糖皮搓成细条，两端稍细，分成两半后用牙签安装在头顶上。取装有黑色蛋白霜的裱花袋在背带上写"C"即可（图㉗～图㉙）。

8. 取泡沫蛋糕，将其包上黄色翻糖皮，用制作小黄人背带服饰的方法在蛋糕上做出背带裤装饰，并用牙签扎眼装饰。用灰色翻糖皮做好小圆片，在上面扎四个小洞，在背带裤上装饰成扣子。在擀薄的蓝色翻糖皮上剪出半圆形，装饰在蛋糕的背带裤上（图⑳～图㉟）。

9. 制作 2 ~ 4 个不同的小黄人，将小黄人固定在蛋糕上（图㊱、图㊲）。

10. 用字母模具在蓝色翻糖皮上压出"MUA"，扎上铁丝，装饰在蛋糕上（图㊳）。

11. 用翻糖皮做一些气球、小礼物盒、爱心等，装饰在蛋糕上，如图所示（图㊴）。

哆啦A梦

所需工具 擀面杖、毛笔、捏塑笔、美工刀、圆形模具、裱花袋、U形花嘴。

所需翻糖皮 灰色翻糖皮、白色翻糖皮、红色翻糖皮、蓝色翻糖皮、黄色翻糖皮。

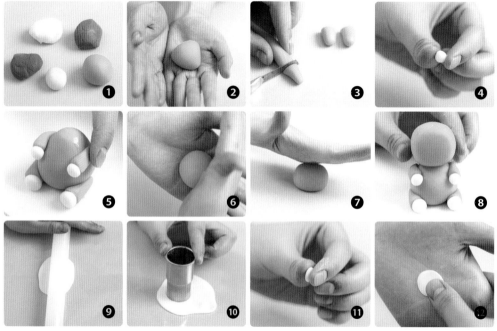

❶ ❷ ❸ ❹

❺ ❻ ❼ ❽

❾ ❿ ⓫ ⓬

制作过程

1. 准备好所需翻糖皮: 灰色翻糖皮、白色翻糖皮、红色翻糖皮、蓝色翻糖皮、黄色翻糖皮(图①)。

2. 制作哆啦A梦的身体: 取蓝色翻糖皮, 搓成有弧形的三角形(图②)。

3. 制作哆啦A梦的四肢: 取蓝色翻糖皮, 搓成细条, 用美工刀切成4小段, 其中制作手臂的2小段要细些, 且手臂的一端比另一端细。取4小团白色翻糖皮, 搓圆, 安装在四肢上。将四肢和身体进行组装, 组装时可在接口位置刷些胶水(图③~图⑤)。

4. 制作哆啦A梦的头部: 取蓝色翻糖皮搓圆, 将一面压平。将头和身体进行组装(图⑥~图⑧)。

5. 制作哆啦A梦的面部和眼睛: 取白色翻糖皮擀薄, 用圆形模具压出圆形, 放在两层玻璃

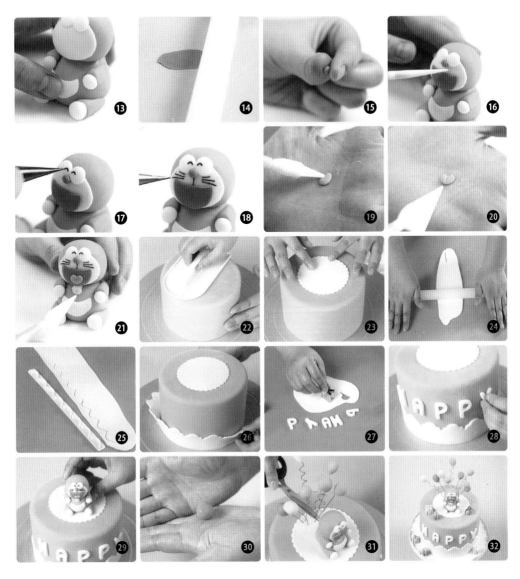

纸之间，用手将边缘压薄，贴在头部压平的一面作为脸部。取两小团白色面团，搓圆，压平，安装在面部上方做成眼睛（图⑨～图⑫）。

6. 制作哆啦A梦的口袋、笑脸、鼻子：取白色翻糖皮搓圆，用手压成圆片，再用圆形模具的1/3在圆片上压出小月牙，去除小月牙形，将剩下的口袋形状组装在哆啦A梦的身体上。取红色翻糖皮擀薄，用U形行花嘴的圆端在翻糖皮上压出半圆形，将半圆形的笑脸安装在面部合适处。取少量红色翻糖皮搓圆，安装在嘴巴中心正上方做成鼻子（图⑬～图⑯）。

7. 取装有黑色蛋白霜的裱花袋，在面部画上眼球、胡子（图⑰、图⑱）。

8. 制作哆啦A梦的嘴巴、铃铛；取少量红色翻糖皮和白色翻糖皮一起揉搓，揉制成浅粉色，将浅粉色翻糖皮揉成心形，并用捏塑笔在中间压一条印迹，制作完成后安装在笑脸合适的位置上。取黄色翻糖皮安装在哆啦A梦的脖子处，用捏塑笔整形成铃铛，如图所示（图⑲～图㉑）。

9. 取泡沫蛋糕，用蓝色翻糖皮将其包面，用打磨板抹平（图㉒）。

10. 取白色翻糖皮擀薄，用相应模具压出有花边的圆片，装饰在蛋糕顶面（图㉓）。

11. 取白色翻糖皮擀成长条，用相应模具压出花边装饰，去除多余的翻糖皮，用美工刀裁成合适的宽度，装饰在蛋糕底部一周（图㉔～图㉖）。

12. 用相应的字母模具在擀薄的白色翻糖皮上压出"H""A""P""P""Y"的字母，并将其装饰在蛋糕上（图㉗、图㉘）。

13. 将制作好的哆啦A梦固定在蛋糕上（图㉙）。

14. 用不同颜色的翻糖皮揉成气球状，在其底部插上铁丝，也可以将铁丝缠绕在笔上，形成圆形弧度，最后将制作好的气球、小礼物盒等装饰在蛋糕上即可（图㉚～图㉜）。

蛋糕实例赏析